# Leap Motion 人机交互应用开发

王 巍　编著

西安电子科技大学出版社

## 内 容 简 介

本书主要介绍基于 Leap Motion 体感设备进行人机交互应用开发的方法。书中介绍了人机交互，特别是手势交互的国内外发展现状、理论与技术等内容，对 Leap Motion 体感设备作了简单的说明，包括其坐标系的设定、运动跟踪数据类型、系统架构、支持的编程语言等；较为详细地介绍了系统开发前所需的准备工作，并对系统的开发文档进行了解读。书中还对系统例程进行了注释，以帮助读者顺利地了解系统的开发过程，熟悉开发文档。在此基础上，循序渐进地展现了基于 Leap Motion 系统的应用开发过程，由易到难地阐述了应用开发所需的技能。最后，展望了 Leap Motion 系统的应用前景。

本书可作为信息、计算机、软件、通信等工程类专业学生(包括研究生和高年级本科生)的教材，也可以供人机交互及其各相关领域的研究人员以及计算机界各层次工作人员参考。

图书在版编目(CIP)数据

Leap Motion 人机交互应用开发/王巍编著.—西安：西安电子科技大学出版社，2015.11
(2023.1 重印)
ISBN 978-7-5606-3849-2

Ⅰ.①L…　Ⅱ.①王…　Ⅲ.①人-机系统—应用开发—研究　Ⅳ.①TB18

中国版本图书馆 CIP 数据核字(2015)第 259901 号

策　　划　刘玉芳
责任编辑　刘玉芳　毛红兵
出版发行　西安电子科技大学出版社(西安市太白南路 2 号)
电　　话　(029)88202421　88201467　　邮　　编　710071
网　　址　www.xduph.com　　电子邮箱　xdupfxb001@163.com
经　　销　新华书店
印刷单位　广东虎彩云印刷有限公司
版　　次　2015 年 11 月第 1 版　　2023 年 1 月第 3 次印刷
开　　本　787 毫米 × 960 毫米　1/16　　印　张　9
字　　数　179 千字
定　　价　24.00 元
ISBN 978-7-5606-3849-2/TB
**XDUP 4141001-3**
***如有印装问题可调换***

# 前言

物联网、普适计算的快速发展，使得人与人、人与物、物与物之间的信息交换更加频繁，相应地，人机交互的研究也在广度和深度上得到了拓宽。手势交互作为交互领域中的重要研究课题，得到了各国学者的重视。本书主要介绍基于 Leap Motion 体感设备进行人机交互应用开发的技术。

Leap Motion 系统是面向 PC 以及 Mac 的体感控制器制造公司 Leap 于 2013 年 2 月 27 日发布的体感控制器，它可以以超过每秒 200 帧的速度追踪用户手部移动，并判别特定手势。较高的精度使得该系统完成手势识别游刃有余，其应用的开发必将推动人机交互，特别是手势交互的长足发展。

本书共分八章。第一章介绍手势交互，首先指出以用户为中心，以人-机有效融合为目的，实现自然人机交互是未来的趋势；其次从国内外研究现状的对比，以及理论和技术的分析介绍了手势交互的最新进展；第二章阐述了基于 Leap Motion 系统进行应用开发中的基本概念，较为详细地解释和说明了运动跟踪数据结构；第三章和第四章介绍了基于 Leap Motion 系统进行应用开发的基础，从开发前的准备工作到开发文档的说明，为读者进行后续的学习和实际开发奠定了基础；第五章、第六章和第七章通过具体的应用开发举例，循序渐进地引导读者掌握 Leap Motion 应用开发的一般过程；第八章是对 Leap Motion 系统应用前景的展望，手势交互将改变原有的人机交互方式，进入到新的人机交互时代。

对基于 Leap Motion 系统进行应用开发过程不太了解的读者，可以借助本书循序渐进地学习，最终开发自己的手势交互应用。由于 Leap Motion 系统涉及的应用领域较多，本书也可为各相关领域人员开展产品设计、开发相关设备、进行理论技术研究等方面提供参考。

本书正式编写历时一年有余，为编写本书，我们专门组织了研究小组，各小组成员对基于 Leap Motion 系统的交互应用开发开展了大量的工作。本书的部分内容就来源于作者所带领的研究小组开发的项目和应用。

本书的编写得到河北省自然科学基金青年基金（F2015402108）、河北省高等学校科学技术研究项目（QN20131152）的资助，还得到了西安电子科技大学出版社的大力支持，在此表示衷心的感谢。本书由王巍编著，参与编写的人员还有王晓明、刘浩、黄晓丹，研究生李林茂、魏丁丁、王志强等也参与了部分工作。在编写过程中，还引用了参考文献所列论著的有关部分，在此向以上参编人员以及论著作者一并表示衷心的感谢。

由于作者水平有限，书中的疏漏、不当之处难免，望各位专家和读者不吝指正。

王　巍

2015 年 5 月

# 目　录

# 第一章 手 势 交 互

## 1.1 自然人机交互

2011年11月28日，我国《物联网“十二五”发展规划》正式对外公布，给近年来国内日趋升温的新型物联网产业指明了发展方向，并指出其产业蕴藏着巨大的市场潜力。规划中明确提出，到2015年，我国要在核心技术研发与产业化、关键标准研究与制定、产业链条建立与完善、重大应用示范与推广等方面取得显著成效，初步形成创新驱动、应用牵引、协同发展、安全可控的物联网发展格局。伴随着技术的发展，物联网的含义也在逐步完善，已经为我们勾画出了未来基于物联网生活的美好场景。

目前所说的物联网是通过信息传感设备，按照约定的协议实现人与人、人与物、物与物全面互联的网络，从而提高对物质世界的感知能力，实现智能化的决策和控制。在此目标下，人机交互技术的研究与相关设备的开发就显得尤为重要了。

人机交互(Human-Computer Interaction，HCI)是一门研究系统与用户之间交互关系的学问，也是指人与系统之间使用某种对话语言，以一定的交互方式，为完成确定任务而进行的信息交换过程。系统可以是各种各样的机器，也可以是计算机化的系统和软件。人机交互如图1-1所示。

以用户为中心，以人-机有效融合为目的，系统与用户之间通过信息交换，使得用户对外部世界能够有效感知，外部世界也可以对用户选择性认同，从而实现自然人机交互。

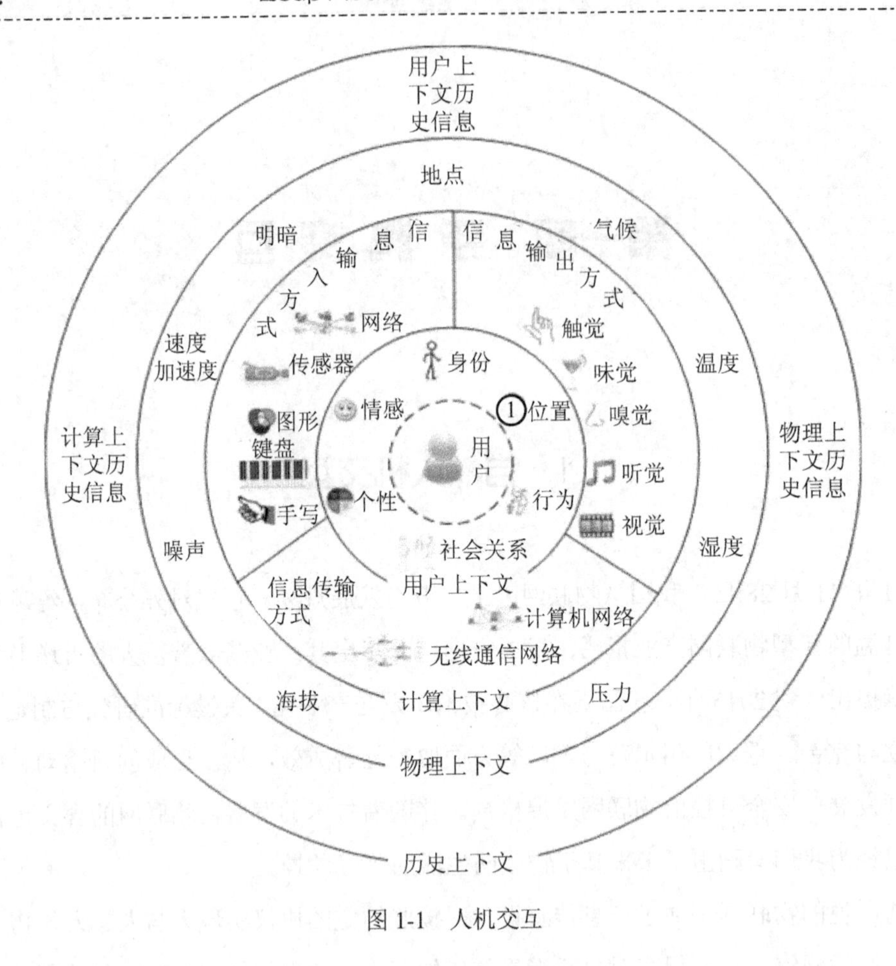


图 1-1　人机交互

## 1.2　手势交互概述

“十二五”规划提出要大力发展生活性服务业，丰富服务产品类型，扩大服务供给，提高服务质量，满足多样化需求。体感交互设备与人亲密接触，能够实时跟踪掌握多种信息，可被广泛应用于生活服务等各种领域中，例如可以用于自我保健，在这个过程中收集的数据还能为医生提供参考，保险公司也能够根据收集的信息降低不必要的风险，因此，研发体感交互设备也是我国发展生活性服务业的重要组成部分。

谷歌眼镜的问世引发了大家对体感交互设备的畅想，使其成为全球炙手可热的年度话题。体感交互设备被视为智能手机之后的又一波移动互联网浪潮，更有人称2013年为“体感交互装置元年”，全球巨头们纷纷涉足，相继出现了谷歌眼镜、健康手环、智能腕带、智能手表带以及iWatch等。硬件能力的微型化和高性能演进，尤其是无线网络技术的深耕密植，让技术应用的概念更加紧密围绕人的自身，民众在这方面的热情也越来越高。

体感交互设备根植于物联网，产品范围从智能设备到健康与行为感应器，应有尽有。目前各大IT巨头已经在布局体感交互领域，可供我们利用的数据收集手段在逐渐增多，可挖掘的数字资源也在成倍扩展。数据来源和应用的广泛化，改善生活的许多愿景都可以借助科技而实现，让科技最大限度地服务于人类本身。由于智能体感交互设备可以提供更为细致贴心的服务，其在健康、健身、运动以及通信等领域都将有长足发展，特别是在医疗领域有着得天独厚的优势。

手势交互作为实现体感交互的方法之一，是人通过手和前臂有意义的运动表达信息的一种方式，用户可以通过简单地定义一种适当的手势来对周围的机器进行控制，或记录文字，或表达情感。手势交互技术在现实社会中有广泛的应用：如针对听力缺陷人群的帮助系统；婴幼儿和计算机交互系统；手语识别系统；军事导航系统；远程医疗系统；等等。研究手势交互，可以为人类提供更为细致贴切的服务。

## 1.3　国内外研究现状

人与计算机的交互活动已经成为人们日常生活中的一个重要组成部分，而手势交互是近年来人机交互领域中兴起的一个研究热点，它以人手直接作为计算机的输入设备，使人机间的通信变得非常简洁、自然，用户只需要挥挥手就可以对周围的设备进行控制。

手势交互研究分为手势合成研究和手势识别研究，前者属于计算机图形学的问题，后者属于模式识别的问题。手势交互技术分为基于数据手套和基于计算机视觉两大类。表1-1对国内外手势交互相关研究方法进行了梳理。

表 1-1　国内外手势交互研究方法比较

| 作　者 | 传　感　器 | 核　心 | 技术与算法 | 工具语言 | 功　能 |
|---|---|---|---|---|---|
| 王玺，等 | MMA7260Q 三轴低量级加速度传感器 | ARM | MEMS | C 语言 | 任意介质手写输入 |
| 王庆召，等 | MMA7260QT 单芯片三轴加速度传感器 | MCU-MSP430F169 | | 基于图形化编程语言 LabView | 手写笔数据的采集 |
| 曹丽，等 | 加速度传感器、角速度传感器 | 云台实验 | 卡尔曼滤波 | | |
| 王玮 | 加速度传感器 ADXL330、磁场强度传感器 AMI302、陀螺仪 ADXRS40 | ACR 单片机 ATmega128 | MEMS<br>MI 技术 | C 语言、VC++ | 检测手写笔在空间的动态信息 |
| 冉涌，等 | 超声波发生器、超声波传感器、压力传感器、温度传感器等 | DSP 芯片 TMS320VC5509A | 坐标关系，牛顿迭代法 | 汇编语言 | 电子笔迹的跟踪、显示与存储 |
| 赖英超，等 | ADI 公司的三轴及速度传感器评估板 EVAL-ADXL345-M | 此评估板相对应的配套软件 | SVM 进行连笔消除、HMM | Matlab、C 语言、实验环境 MatlabR2010a | 字符识别 |
| 周谊成，等 | 三维加速度传感器 | 内置三维加速度传感器的 Android2.3 平台的智能手机 | HMM<br>GMM | | 精确采集手势 |
| 黄启友，等 | IDG300 角速度陀螺仪 | | | | 简单的鼠标输入和键盘输入 |
| 刘蓉，等 | MMA7250 三轴及速度传感器 | | 隐马尔可夫模型 HMM | | 简单识别手势 |
| Marcus Georgi | 加速度传感器，陀螺仪 | | HMM | | 在空中编写文本 |
| Zhuxin Dong | 加速度计，陀螺仪，磁力计 | | MEMS | | 在任意表面上书写 |
| Jong K.Oh | 三轴加速度传感器，三轴陀螺仪 | | | | 在线字符识别 |
| 孔俊其 | LIS3LV02DQ 三轴加速度传感器 | ALTERA 公司的 EPM240T100C5N | HMM<br>MEMS | | 简单图形、数字识别 |

2004年，三星综合技术研究院的Jong K.Oh等人使用三轴加速度传感器和三轴陀螺仪，提出了在三维空间中书写字符并在线识别的方案。

2007年，西南科技大学的王玺等，使用MMA7260Q传感器测量电子笔在X、Y、Z三个轴方向上的加速度。他们首先利用微控制器ADμC7022采集到加速度传感器输出的信号，然后使用片上ADC完成电压信号到加速度数据的转换并进行信号的预处理，最后通过SPI接口发送到无线USB接口芯片CYRF6934，将数据传送到PC进行处理，实现了基于空间加速度计算的无线电子画笔的设计。

2009年，中国科学院合肥智能机械研究所的王庆召等人，采用MMA7260QT三轴加速度传感器，以TI公司的MSP430F169作为主控制器，并基于PDIUSBD12的USB接口实现数据传输。当数据传送到上位机后，再通过LabView的功能模块实现了空间电子笔数据的采集。

2010年，电子科技大学电子工程学院的冉涌等人，利用超声波发生器、超声波传感器、压力传感器和温度传感器实时跟踪笔触运动轨迹，完成了电子笔迹的跟踪、识别与存储功能。

2011年，湘潭大学信息工程学院的黄启友等人，提出一种基于陀螺仪传感器的三维手势交互方案。其硬件架构由陀螺传感器信息采集模块、单片机信息处理模块以及射频无线传输模块组成。该方案利用多功能滤波器进行数据预处理，设计出一种基于角度的特征提取算法，用于提取三维手势特征。实验结果表明，该方案的平均识别率可达到99.3%，能较好地实现3D空间的鼠标输入功能和键盘输入功能。

2012年，卡尔斯鲁厄理工学院认知系统实验室的Christoph Amma等人，使用速度传感器和陀螺仪采集数据，并使用隐马尔科夫模型(HMM)将运动传感器的数据生成文本进行识别，从而实现用户在空中书写文本的功能。

2012年，苏州大学计算机科学与技术学院的周谊成等人，采用Android智能手机自带的三维加速度传感器获取加速度信号，经过低通滤波、去重力和特征提取的信号预处理过程后，结合隐马尔可夫模型和混合高斯模型的理论方法，实现了手机手势的连续识别。图1-2对部分国内外手势交互研究机构进行了梳理。

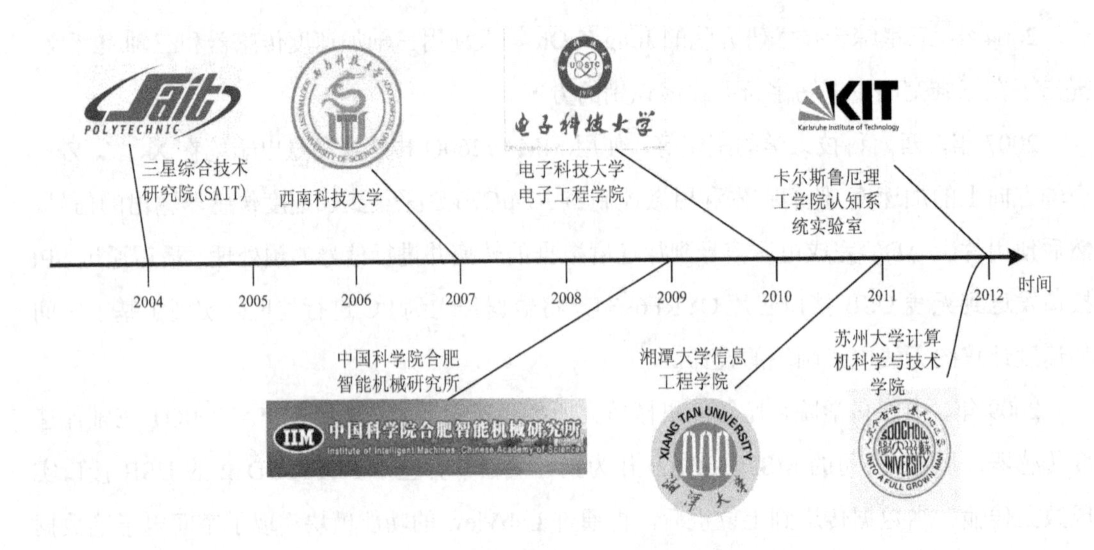


图 1-2　国内外手势交互研究机构

下面简要介绍国内外手势交互研究机构的部分相关产品。

(1) 加拿大的Thalmic Labs开发了一款名为MYO的新产品，是一款可戴在前臂的腕带。MYO腕带如图1-3所示，基于表面肌电(sEMG)原理，由于手部肌肉动作会产生电流，MYO腕带利用8个传感器监控用户的动作以及肌电变化，并通过模式识别技术确定用户做出何种手势，进而可通过控制各类低功耗蓝牙设备，实现隔空的手势操作。

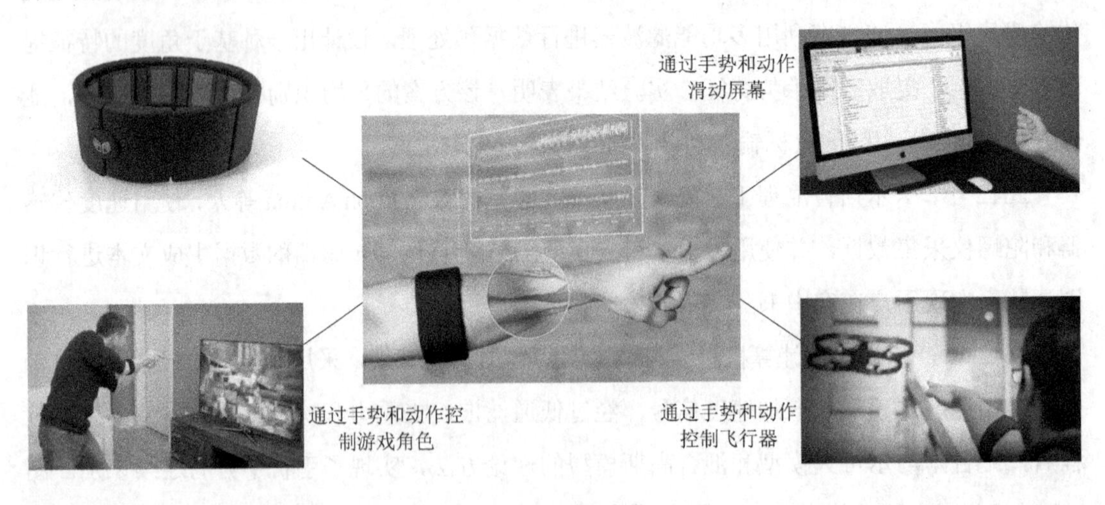


图 1-3　MYO 腕带

(2) 卡尔斯鲁厄理工学院认知系统(Cognitive Systems)实验室的一个团队在普通的针织手套中植入了惯性传感器、加速计、陀螺仪等先进仪器，一旦有人戴着它在空中比划某些英文字母、单词甚至是句子，这套系统都可以轻松地识别出来。根据设计，这套系统可以准确识别超过 8000 个单词，在测试中单词识别出错率平均为 11%。另外，根据使用者不同，高科技手套的表现也存在着一定差异。设计者们承认，这项技术在识别字母和单词方面仍有改进的空间，智能手套如图 1-4 所示。

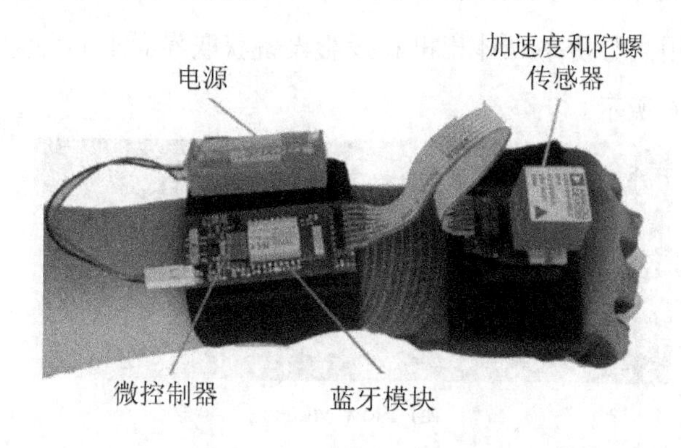


图 1-4　智能手套

(3) Livescribe 推出了一款原生笔记录入设备——Sky 录写笔。如图 1-5 所示，它和普通笔一样可以在 Sky 专用笔记本上写写画画，但更强大的是，它还能把用户在笔记本上写的所有内容按照书写顺序无线同步到 Evernote 笔记软件中，同时录下现场的声音，实现一种信息的三种录入方式。由此用户可以在任何 PC、平板电脑以及智能手机上查看信息。

图 1-5　Sky 录写笔

(4) 美国微软研究院的 Andrew Wilson 和 Nuria Oliver 基于机器视觉开发了三个基于手势的人机交互系统。第一个系统称为 Flow Mouse，它基于光流技术捕捉手部运动，进而可以取代机械式的键盘敲击和鼠标点击模式，使用户以一种更加自然的方式输入信息。第二个系统称为 Gwindows，它基于实时音频和立体视觉技术，通过声音和手势与显示设备进行交互，也可以取代鼠标和键盘的操作。但由于系统所使用环境的复杂性，一种轻量的、鲁棒的、灵敏的算法仍是未来研究的重点。第三个系统称为 Touch Light，它主要基于简单的计算机视觉技术，利用高分辨率立体相机和投影设备获取界面上的手势图像，并加以分析。三个系统分别如图 1-6 所示。

(a) Flow Mouse

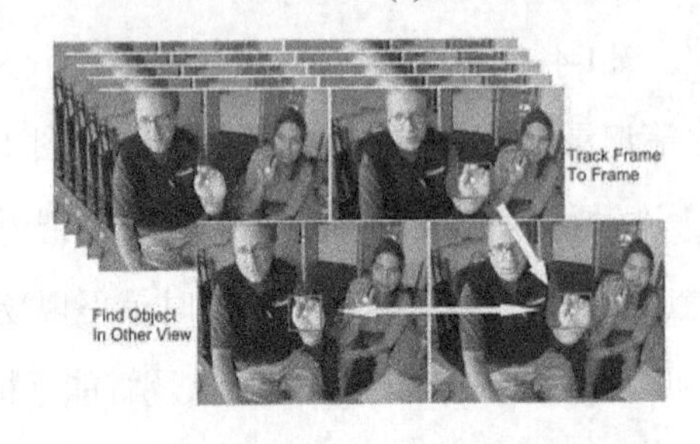

(b) Gwindows

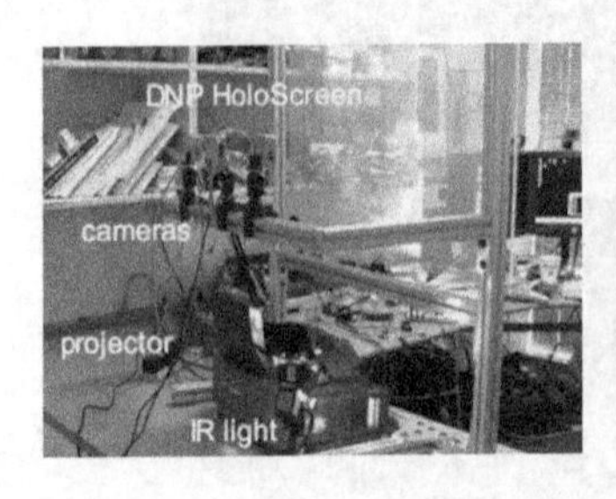

(c) Touch Light

图 1-6 微软研究院开发的隐式人机交互系统

(5) 应用体感技术，人们可以很直接地使用肢体动作与周边的装置或环境进行交互，无需使用任何复杂的控制设备，便可使人们身临其境地与内容进行互动。

Kinect 最早是在 2009 年 6 月 1 日 E3 2009 上首次公布的，同时，微软宣布有超过一千种开发工具提供给游戏开发人员。系统具有用于面部表情和动作识别的摄像头、深度传感器，以及用于语音识别的多点阵列麦克风，在运行时将占据 XBOX360 大约 10%～15% 的 CPU 资源，其骨骼捕捉技术已经可以在 30 Hz 的条件下同时捕捉 4 个人的 48 个骨骼动作。Kinect 的运动捕捉如图 1-7 所示。

图 1-7 Kinect 的运动捕捉

同时，微软从另外一个角度，即通过人体肌肉来进行体感交互。微软表示，利用这一技术可以通过使用手臂上一部分肌肉的抽动来控制电脑，而且不需要其他的控制器。在目前的科技水平下，仍然需要通过各种复杂感应设备将肌肉的动作连接到电脑上才能实现。在微软日前新提交的一份专利中，演示了未来可便携式的肌肉动作感应设备，如护臂、手表、衣服甚至眼镜，如图 1-8 所示。这项肌肉体感操作技术，主要依靠的是肌电图(EMG)，它的操作原理是当肌肉细胞接收到大脑的信号后，肌肉的收缩与舒张引起手指的运动，此时，肌电图便会准确地记录下手指的动作。通过一段时间的训练，软件可以将这些记录下来的动作转换成手势，因此便可以使用这些手势来代替键盘、鼠标或者触摸输入等操作。

不过目前肌肉体感操作技术还有许多问题，例如如果肌肉的动作不对，就会识别错误或者无法识别，而且对身体的条件也很苛刻，比如身材的胖瘦等。

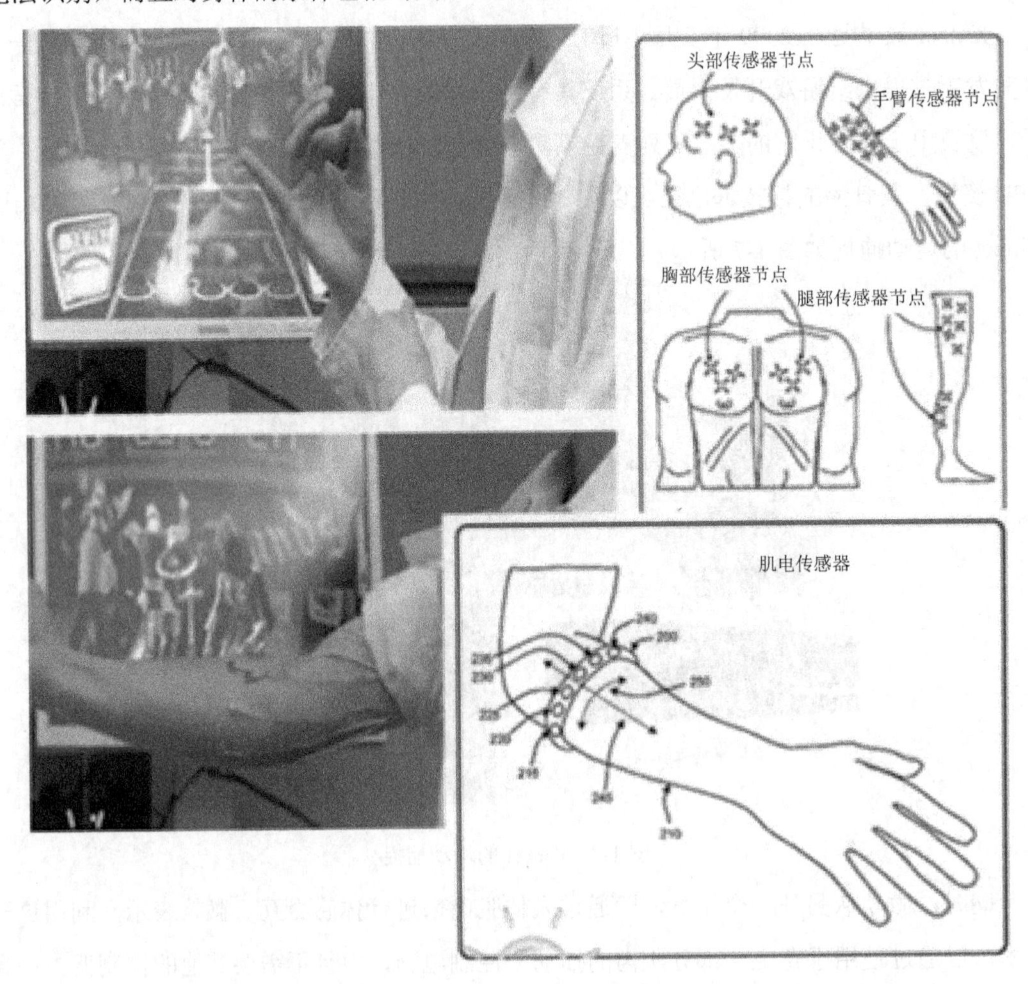


图 1-8　肌肉体感操作技术

(6) 赫尔辛基的研究人员发明了一种手套(见图 1-9)，他们在手套中植入了振动传感器(Vibrating Sensors)，以便帮助使用者找到他想要的物品。这种手套有很广泛的应用，从帮助购物者在超市找到需要的商品到为行人指路，甚至能在大的停车场帮助你找到汽车。马克斯·普朗克信息学研究所(Max Planck Institute for Informatics)的研究人员利用振动反馈原理把计算机视觉和手掌跟踪技术联系起来，这样可以指引使用者的手伸向需要的物品。最初的测试表明，在像图书馆和超市这样的复杂场所，找到需要的图书或商品的效率可以提高三倍。该小组的研究人员介绍说：“现实世界中，如想在一个复杂的场所找到所需的物品，是一件非常耗时和令人沮丧的事情。特别是当物品之间非常相似的时候，由于人类的认知模式是一个个的寻找，任务将会变得更为复杂。”而这种手套能帮助使用者在日常的工作和生活中寻找到超市中的商品、停车位、仓库中的物品以及图书馆中的图书。

该小组的研究人员 Ville Lehtinen 说：“我们利用触觉来指导人们手指的优势在于，使用者可以非常容易地把视野中的物品和触觉联系起来。这样就能提供一个非常直观的体验，就像是手被拉着伸向目标物品一样。这种新发明基于廉价的传感器，例如在普通手套中使用的振动触觉器和微软体感游戏中追踪游戏者手的传感器等。”研究者发表了一种“动态引导算法(dynamic guidance algorithm)”，这种算法可以用来计算基于距离和方位的有效激励模式。来自马克斯·普朗克信息学研究所的 Antti Oulasvirta 博士说：“在从上百个物品中找出其中一个正确的物品实验中，佩戴手套的使用者比没戴手套的使用者的表现要快三倍。”Petteri Nurmi 博士补充说：“寻找物品方面效率的提高还体现在其他几个实际应用中。例如，仓库的工作人员可以利用这种手套来指引他们找到目标货架或行人可以利用这种手套指引出行。利用这种相对低廉的传感器以及动态引导算法，开发人员还可以订制属于他们自己的个人引导系统。”

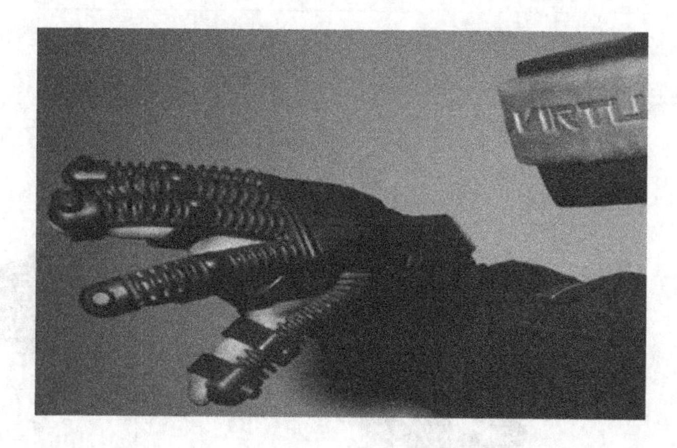

图 1-9 寻物手套

(7) 微软研究院设计开发了一个腕带式手部动作追踪系统(见图 1-10)来追踪手部动作，

以提升虚拟导航的效果。该设备结合了红外激光、摄像头扩散器(diffuser)来创建数字手指(digits)，能够探测到佩戴者手指的运动。

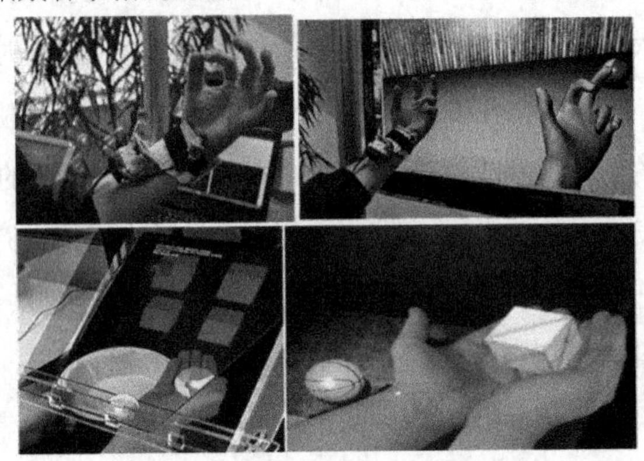

图 1-10 腕带式手部动作追踪系统

(8) 美国科学家史蒂夫·霍弗(Steve Hoefer)正在为帮助盲人而努力。Tacit Project 手套(见图 1-11)是霍弗发明的一种用氯丁橡胶制造的无指手套，它使用声纳和虚拟触觉帮助佩戴者回避障碍物。通过一个可以发送和接收超声波并记录时间差的收发器，可以探测到 10 英尺(1 英尺 = 0.3048 米)之内的障碍物，并告知佩戴者到达该障碍物所需的时间。这种仅重 3 盎司(1 盎司 = 28.35 克)的手套能够将探测数据转换成一种虚拟地图，并在佩戴者手腕上施加柔和的压力，以提醒佩戴者前方存在障碍物。

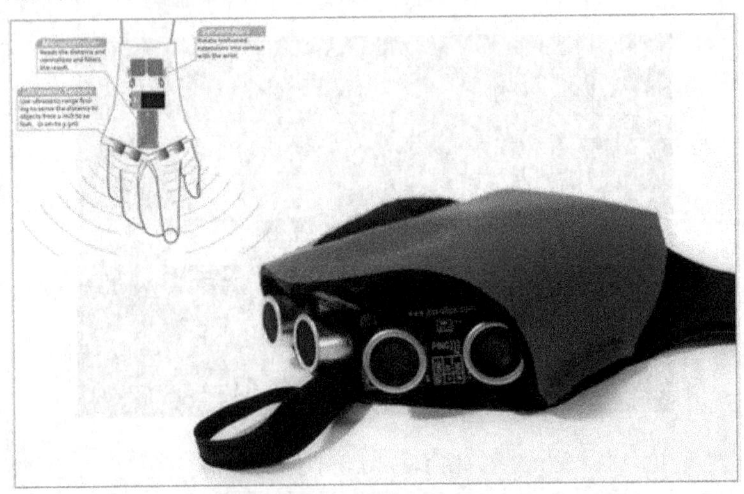

图 1-11 Tacit Project 手套

## 1.4　相关理论与技术

结合上述手势交互方面国内外的研究现状以及实际产品，目前在该领域，涉及的相关理论与技术包括以下三个方面。

**1．基于运动传感器的手势识别方法**

隐马尔科夫模型(Hidden Markov Model，HMM)，是一种随机有限状态自动机，适合为非平稳随机序列建模，具有统计特性，可以用来处理多个不同平稳状态过程中的随机转移问题，目前已被广泛应用于语音识别领域。Mantyla V 在识别动态手势的过程中，首先使用 Baum-Welch 算法对模型进行训练，之后使用定量限(Limit of Quantitation)形式的 Viterbi 算法来提高识别精度。Kela J 使用全连通离散结构的 HMM，通过实验发现即使在行走过程中进行手势识别，其成功率也不会显著下降。Pylvanainen T 使用连续的 HMM 进行手势识别实验，研究表明：以 20～30 Hz 的频率进行采样可以得到最佳的识别效果；当对样本数据进行量化，使其分辨率达到 8 位以上时，同样可以获得最优的识别率。

基于运动传感器的手势识别方法有以下四种。

(1) 基于直接数据流分析的方法。虽然基于 HMM 的方法可以高精度地识别手势，但它是以处理器的强计算能力和高计算量为基础的，算法的时空代价比较大。为了让手势识别功能更广泛地应用于各种简单设备中，Benbasat Y 提出了一种直接数据流分析(Direct Data Stream Analysis)方法。他将手势定义为幅度较大的运动：首先根据运动数据中加速度零点的位置确定出活动区域，活动区域的持续时间就是手势的持续时间，在该活动区域内计算峰值的个数并记录峰值，确定出一个最小的峰值，如果其余峰值与最小峰值之差大于给定阈值，则认为手势发生。

这种方法的优点是对传感器硬件依赖较少，可以广泛应用于并发手势的识别；缺点是缺少绝对的参考帧，不能识别多维空间的手势，而且很难捕获连续的手势动作。

(2) 基于原始信号采集的方法。Jang I 和 Wonbae P 研究了如何在移动设备上利用手势进行控制。他们将静态手势和动态手势对应的加速度分别称为静态加速度和动态加速度，静态加速度信号经过低通过滤器过滤，在每个轴向上进行阈值比较，监视手势事件的发生；动态加速度信号经高通过滤器过滤、边界值过滤、去除抖动等操作后，进行阈值比较，同样超过阈值时设备会检测到手势的发生。

这种方法的优点是可以很方便地识别手势，计算量不大；缺点是精度不高，而且很容易产生误操作。

(3) 基于自动机描述的方法。Baek J 论述了在移动设备中使用时间自动机来分析和识别用户的连续动作。对于连续动作，每个动作会触发一个定时器事件，在时间间隔内，如果下一个动作信号准确到达，则连续的动作会被识别，否则手势动作不会被识别。

将自动机引入连续动作识别过程，其优点是算法简单、健壮，能更好地支持并行性，过程清晰可见，既可以识别一系列连续的动作，又可以消除由于手部抖动产生的噪声干扰；而缺点是该算法更注重动作而不是操作对象，计算精度不高，如果发生误操作或误识别，全部动作需重新识别。

(4) 基于机器学习的方法。基于机器学习的方法常见的有 K-最近邻方法和支持向量机的方法。K-最近邻方法的基本思想是根据传统的向量空间模型，将数据内容形式化为特征空间中的加权特征向量，对于一个测试数据，计算它与训练文本集中的每个数据的相似度，找出 K 个最相似的数据，根据加权距离判读测试数据所属的类别。支持向量机方法以训练误差作为优化问题的约束条件，以置信范围值最小化作为目标，是一种基于结构风险最小化准则学习方法。Ferscha A 使用径向基核函数(RBF)构造实现了不同类型的输入非线性决策面学习机，并且使用“一对一”的方法构造 SVM 多值分类器，取得了较高的识别率。支持向量机计算的复杂性取决于支持向量的数目，而不是样本空间的维数，这在某种意义上避免了“维数灾难”。而且在该方法中，增删非支持向量样本对模型没有影响，对核函数的选择也不是很敏感，另外，支持向量样本集有一定的鲁棒性。

### 2. 传感 MEMS 技术

传感 MEMS 技术是指用微电子、微机械加工出来的、用敏感元件(如电容、压电、压阻、热电耦、谐振、隧道电流等)转换为电信号的器件和系统。传感器包括速度、压力、湿度、加速度、气体、磁、光、声、生物、化学等各种传感器，按种类分主要分为面阵触觉传感器、谐振力敏感传感器、微型加速度传感器、真空微电子传感器等。目前，传感器技术向着阵列化、集成化、智能化的方向发展。由于传感器是人类探索自然界的触角，是各种自动化装置的神经元，且应用领域广泛，因此备受世界各国的重视。MEMS 加速度传感器以其低廉的价格、较小的体积和较高的灵敏度广泛应用于手机、PDA 等嵌入式手持移动设备中，这些加速度传感器可以精确地获取宿主设备的加速度值。MEMS 加速度传感器的这一特征为利用加速度识别手势动作提供了保障。

#### 3. 滤波理论与方法

卡尔曼滤波主要解决具有惯性特征的滤波问题，它是在维纳滤波的基础上改进得到的一种递推滤波方法。该方法是将状态空间分析法与滤波相结合，统一描述系统状态与噪声，进而得到卡尔曼递推滤波算法，从数学模型上来看卡尔曼滤波仅仅是一阶微分方程(连续系统)和差分方程(离散系统)。由于在动态系统的描述中引用了状态转移矩阵，使得在卡尔曼滤波的每次运算中只需要前一时刻的估算值和当前的测量值，因此大大降低了系统的存储量，并极大地减少了计算量。

相对于卡尔曼滤波器来说，粒子滤波是一种非线性滤波算法，近年来刚刚兴起，它是一种基于蒙特卡洛(MONTE CARLO)仿真技术的最优回归贝叶斯滤波算法。粒子滤波算法的基本思想是采用一组带权值的随机样本来表征目标运动状态矢量，并且粒子滤波不受线性化误差、高斯噪声假设的束缚，这是其优于卡尔曼滤波算法及扩展卡尔曼滤波算法的根本所在。因此在导航与定位、参数估计与系统辨识、金融数据分析等领域都有广泛的应用，尤其是在机动目标的跟踪中。

## 1.5 本章小结

手在人类生活中具有极其重要的地位，通常用来认识、了解和改造周围的环境，从而积累关于事物的认知。手势交互研究作为人机交互理论与技术的一个重要组成部分，其意义主要表现在它能够提供给用户一种自然、高效的交互手段，能为更多的人，特别是特殊人群的交互提供方便。

传统的输入设备存在许多不足，如触摸屏、普通键盘，其交互模式还停留在二维阶段，不能脱离特定的平面。随着信息技术的发展，基于传感器的空间手势输入设备在很多人机交互场合变得越来越重要。不仅为使用者解除空间和线缆的束缚，使其能在自由的空间完成相应的人机交互，并且能够支持输入各种形状图案和文字数字信息。这种新型的输入设备越来越受到研究领域和工业界的重视。

# 第二章　Leap Motion 简介

Leap Motion 系统可以检测并跟踪手、手指或杆状物体，以高精确度、高跟踪帧率实时获取它们的位置，并识别相关手势和动作。该系统的可视范围大约在设备上方 25～600 mm，呈倒金字塔形状，塔尖在设备中心。同时，该系统可以追踪小到 0.01 mm 的动作。Leap Motion 遥控器拥有 150° 的视角，可跟踪一个人 10 个手指的动作，最大频率是每秒钟 290 帧。

## 2.1 坐标系统

Leap Motion 的坐标系统采用右手笛卡尔坐标系。坐标原点在 Leap Motion 控制器的中心，$x$ 轴和 $z$ 轴在器件的水平面上，$x$ 轴与设备的长边平行，$y$ 轴与设备垂直，其正方向朝上(与计算机图形学中的坐标系相反)，$z$ 轴垂直于屏幕，距离计算机屏幕越远，其值正向增加，所有坐标均以 mm 为单位，坐标系如图 2-1 所示。

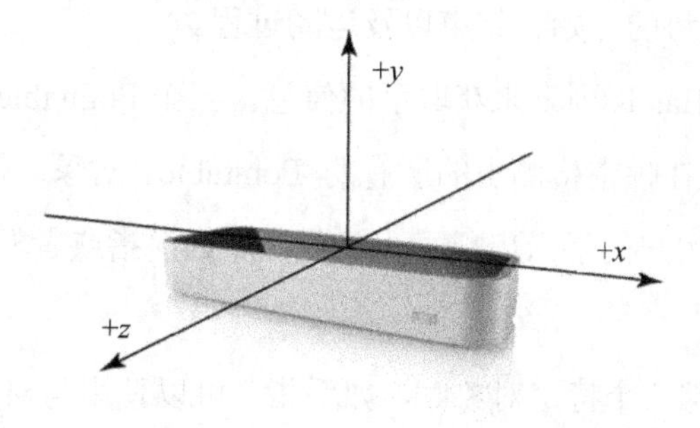


图 2-1　Leap Motion 的右手坐标系

## 2.2 运动跟踪数据

Leap Motion 系统以一个数据集合描述在其视野中的手、手指或杆状物体，称之为一帧。每帧数据包含一个基本的跟踪数据列表，如手、手指和杆状物体，同时还包括识别出的手势以及视野中所有对象的运动信息。

当检测到手、手指或杆状物体时，Leap Motion 系统就会给它分配一个唯一的 ID 标识符，并持续跟踪。除非被跟踪目标丢失，否则只要其始终存在于设备的视野中，此 ID 将保持不变。当被跟踪目标丢失后再次出现时，Leap Motion 系统会为其重新分配一个 ID，因为系统无法确认此时的手、手指或杆状物体是否与之前的是同一个。

### 2.2.1 帧

一帧数据包含一个基本的跟踪数据列表、手势以及帧运动信息。

**1. 跟踪数据列表**

Hands ——所有的手。

Pointables——所有有端点的对象，如手指或杆状物体。

Fingers——手指。

Tools——杆状物体。

Gestures——所有手势的开始、结束以及运动过程。

用户可以通过访问 Hands 列表来获取手的信息。三个 Pointables 对象列表(Pointables，Fingers，Tools)则包含了在帧中检测出的所有的 Pointables 对象。需要注意的是，在 Leap Motion 的视野中，如果用户的手只出现了一部分，那么手指或者杆状物体都无法与手进行关联。

利用多帧数据来跟踪一个特定对象时，如手指，可以使用与对象相关联的 ID，不断地在新的帧中进行查询。因此，基于 ID 标识符，可以查询到手、手指和杆状物体等具有端点的对象以及手势。如果某个对象在当前帧中存在，那么查询函数便返回一个关于对象的引用。如果物体不存在了，那么则返回一个无效的引用。无效的引用是预定义的，它不包含任何有效的跟踪数据。此方法使得用户在使用 Leap Motion 跟踪数据时，大大简化了对于空指针的检测过程。

**2．帧运动信息**

Leap Motion 系统可以分析所有帧中的运动，包括发生在初始帧中的运动，以及发生了位移、旋转和尺度缩放变化的帧中运动。例如，当把双手同时移动到 Leap Motion 系统的左侧视野中时，就出现了帧的位移变化。当沿着假想球体的表面扭动双手时，就发生了帧的旋转变化。当双手靠近或者远离时，就出现了帧的缩放变化。Leap Motion 系统会根据视野范围内所有物体的信息来描述帧运动。如果只检测到一只手，那么 Leap Motion 系统就会根据这只手的运动给出帧运动描述。如果检测到一双手，系统就会结合双手的运动趋势给出帧运动的描述。通过每只手对应的 Hand 对象，可以获取单一的运动参数。

通过比较当前帧与前一帧数据，可得到帧运动信息，具体属性包含以下几个：

Rotation Axis——旋转坐标，描述坐标旋转的方向向量。

Rotation Angle——旋转角度，相对于旋转坐标系(笛卡尔坐标系)顺时针方向的旋转角度。

Rotation Matrix——旋转矩阵，表示旋转的变换矩阵。

Scale Factor——缩放因子，描述尺度缩放的因子。

Translation——位移，描述线性运动的向量。

在一帧数据中，运动信息被描述为特殊类型的运动，存在一定的信息约减。例如，当缩放因子很大时，可以忽略在帧中的旋转或位移。通过信息约减滤去不想要的运动信息，这将使数据在实际开发时更易被使用。

### 2.2.2 手模型

手模型包含有关被检测的手、与手关联的手指以及杆状物体的位置、特征和运动等信息。

虽然 Leap Motion 系统的 API 函数尽可能多地提供了关于手的信息，然而，有时可能却无法计算出每帧数据中手部的全部信息。例如，当一个手攥成一个拳头时，手指无法被Leap Motion 系统检测到，因此 Fingers 列表的信息就是空的。对于某些属性缺失的手模型来说，在我们所开发的程序中，并不难处理。

Leap Motion 系统不区分左右手。同时，在 Hands 列表中，允许出现多只手的信息，表明在 Leap Motion 系统的视野范围内，允许多人同时参与应用，也允许出现类似手的物体。但是，我们建议最多让两只手同时出现在 Leap Motion 系统设备的视野中，这样可以确保最佳的跟踪质量。

### 1. 手属性

Hand 对象提供了一些属性，用来描述所检测到的手的物理特征。

Palm Position——手掌位置，在 Leap Motion 坐标系下的手掌中心坐标，以 mm 为单位。

Palm Velocity——手掌速率，手掌的运动速度，以 mm/s 为单位。

Palm Normal——手掌法线，与手掌所形成的与平面垂直的向量，向量方向指向手掌内侧。

Direction——方向向量，由手掌中心指向手指的向量。

Sphere Center——球心，适合手掌内侧弧面的一个假想球的球心(假设手握着一个球)。

Sphere Radius——球半径，适合手掌内侧弧面的一个假想球的半径。当手的形状变化时，半径也随之变化。

手掌方向向量和法线向量都是在 Leap Motion 坐标系下，描述手的方向的向量，其中手掌法线向量垂直于手掌向外，方向向量朝着手指方向，如图 2-2 所示。

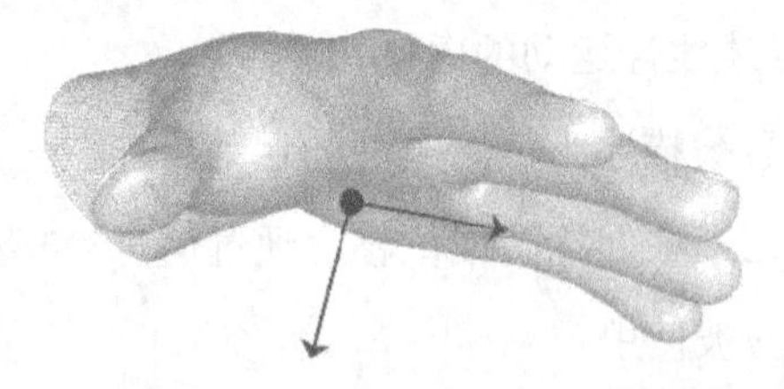

图 2-2　手掌法线向量和方向向量

球心和球半径描述了一个假想球，这个假想球满足手掌的曲率，恰好可以被手掌握着，球体的大小会随着手指卷曲程度而发生变化。当手卷曲程度较大时，球半径变小，反之则增大，如图 2-3 所示。

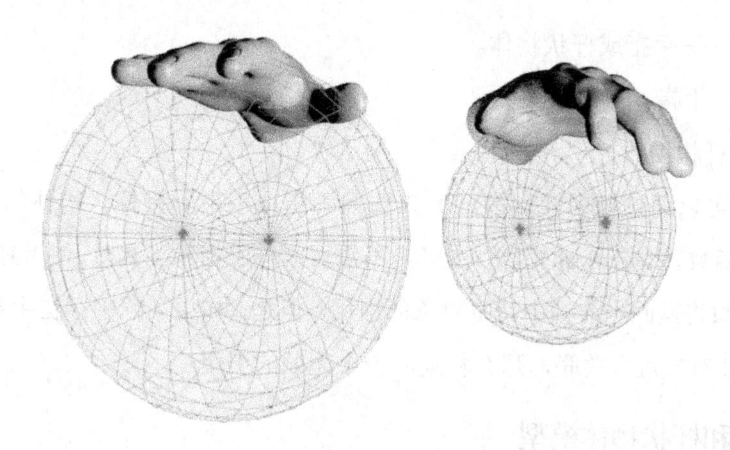

图 2-3 球体大小与手的卷曲关系

### 2. 手部运动

Hand 对象还提供了一些用于描述手部运动的属性。Leap Motion 系统在分析手部运动的同时，还分析与手关联的手指、杆状物体的位移、旋转以及缩放信息。当手绕着 Leap Motion 系统运动时，就会产生位移变化。当手张开、扭曲和倾斜时，就会产生旋转变化。当手、杆状物体靠近或远离 Leap Motion 系统时，就会产生缩放变化。

手部的运动信息是通过当前帧与前一特定帧对比而得到的。描述手部运动的属性与帧运动的属性类似，主要包括：

Rotation Axis——旋转坐标，描述坐标旋转的方向向量。

Rotation Angle——旋转角度，相对于旋转坐标系(笛卡尔坐标系)顺时针方向的旋转角度。

Rotation Matrix——旋转矩阵，表示旋转的变换矩阵。

Scale Factor——缩放因子，描述尺度缩放的因子。

Translation——位移，描述线性运动的向量。

Hand 对象同样对手部运动信息进行了信息约减，仅保留了最重要的估计信息。例如，当缩放因子较大时，可以忽略手部的旋转和位移运动信息。通过信息的约减、估计，滤除不必要的手部运动信息，同样使手部运动数据在实际开发时更易被使用。

### 3. 手指和杆状物体列表

若需要访问手指或手中所持杆状物体的信息，可选用下述成员变量之一。

Pointables——手指或杆状物体。

Fingers——手指。

Tools——杆状物体。

此外，还可以通过帧中获取的 ID 来访问手指或手中所持杆状物体的信息，如使用 Hand::finger()函数、Hand::tool()函数，或者当不需要区分手指和工具时，使用 Hand::pointable()函数。这些函数将返回当前帧中特定对象的引用。但是，如果某帧中存在手指或杆状物体，却没有和 Hand 对象进行关联，那么将返回一个无效的引用。

### 2.2.3 手指和杆状物体模型

Leap Motion 系统检测和跟踪视野范围内的手指或杆状物体，通过形状对两者进行分类。相对于手指来说，杆状物体更长、更细、更直。

在 Leap Motion 模型中，手指或杆状物体的物理特征被抽象后保存到一个 Pointable 对象中。手指或杆状物体是一类 Pointable 对象，其物理特征包括：

Length——长度，物体的可视长度(指从手以外的部分到物体顶端的长度)。

Width——宽度，物体可视部分的平均宽度。

Direction——方向，与物体指向相同的单位方向向量。

Tip Position——尖端坐标，在 Leap Motion 坐标系下，尖端的位置坐标值。

Tip Velocity——尖端速率，尖端的运动速度，以 mm/s 为单位。

如图 2-4 中，红点的坐标值定义为尖端坐标，箭头的朝向表示尖端方向。

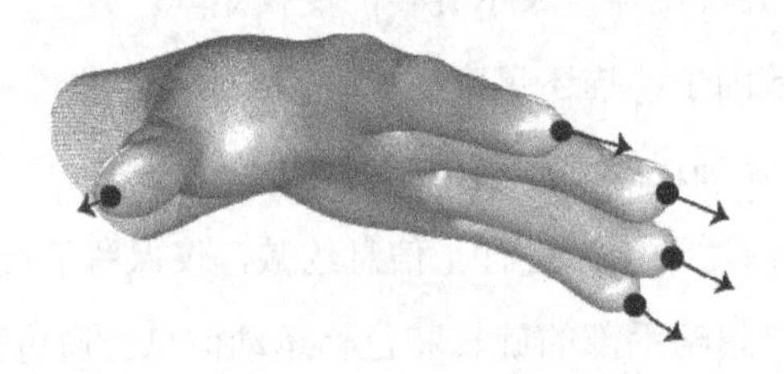

图 2-4 尖端坐标与方向向量

Leap Motion 系统首先将检测到的 Pointable 对象判定为手指或杆状物体，随后，使用成员函数 Pointable::isTool()确定其是手指还是杆状物体，因为杆状物体比手指更长、更细、更直，如图 2-5 所示。

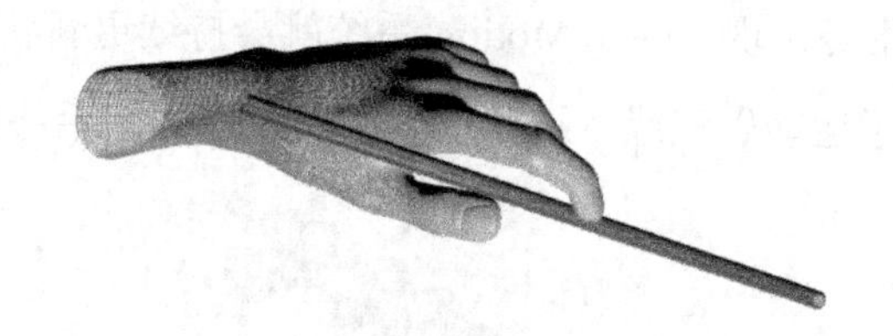

图 2-5　杆状物体与手指的比较

### 2.2.4　手势

Leap Motion 系统将特定的运动模式判定为手势，进而估计出用户的意图或指令。对于一帧数据中手势的访问方法与上述手或手指的访问方法是一致的。当检测到一个手势时，Leap Motion 系统就将一个手势对象 Gesture Object 添加到帧数据中，用户可以通过帧中的手势列表访问手势对象。

下面是 Leap Motion 可以识别的运动模式：

Circle——画圆运动模式，一个手指的圆周运动。

Swipe——挥手运动模式，手的线性运动。

Key Tap——按键点击运动模式，如同点击键盘一样的手指点击运动。

Screen Tap——屏幕点击运动模式，对电脑屏幕方向进行垂直点击运动。

当 Leap Motion 系统首次把某个运动模式判定为一个手势时，就把该手势对象加入到帧中。如果该手势不断重复，Leap Motion 系统也会将更新后的手势对象不断地添加到随后的帧中。由于画圆和挥手运动模式都是持续形式的手势，因此 Leap Motion 系统将在每帧中持续更新这些手势对象。但由于点击运动模式是离散形式的手势，所以 Leap Motion 系统将每次点击动作都作为独立的手势对象看待。

要点：针对所开发的应用，在使用手势识别功能之前，必须先通过 Controller 类中的 enableGesture()成员函数开启待识别的特定手势后，才能进行识别。

#### 1．画圆

Leap Motion 系统可以识别一个手指在空中的画圆运动，并返回一个画圆手势 Circle

gesture，如图 2-6 所示。同时也可以使用任何其他手指或杆状物体画圆。由于画圆手势是连续的，因此一旦这个手势出现，Leap Motion 系统就会持续更新状态直到画圆停止。但当手指或者杆状物体远离了运动轨迹或者运动过于缓慢时，画圆手势终止。

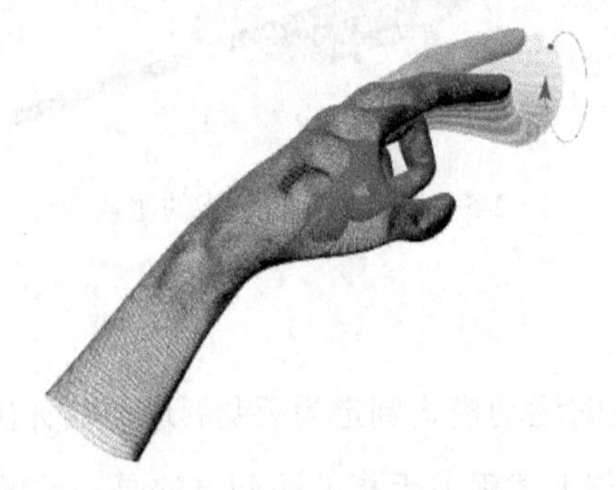

图 2-6　食指的画圆手势

## 2. 挥手

Leap Motion 系统将手指的线性运动判别为挥手手势，如图 2-7 所示。

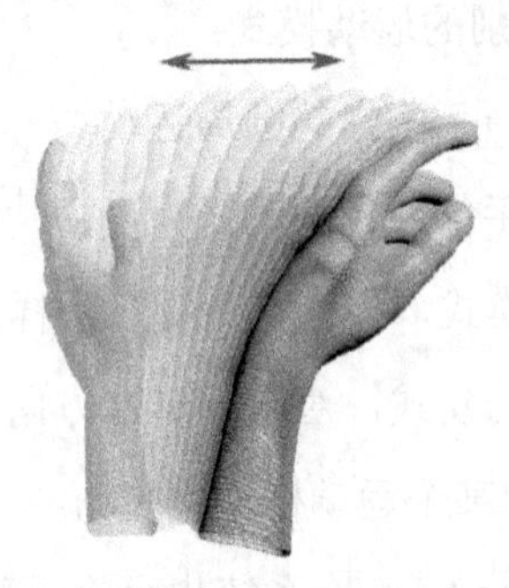

图 2-7　水平挥手的手势

与上述画圆运动类似，可以用任意手指在任意方向上作挥手手势。由于挥手手势也是连续的，因此一旦出现这个手势，Leap Motion 系统也会持续更新状态直到手势结束。当手指变换了方向或者运动过于缓慢时，挥手手势结束。

Leap Motion 系统可以识别两种点击手势：向下的按键点击 Key Tap 和向前的屏幕点击 Screen Tap。

## 3. 按键点击

Leap Motion 系统将一根手指或杆状物体快速、向下的运动判别为一个按键点击手势

Key Tap，如图 2-8 所示。按键点击如同按下键盘那样产生一个按键点击手势。由于按键点击手势是离散形式的，因此对于每一个点击手势，将定义一个独立的手势对象。

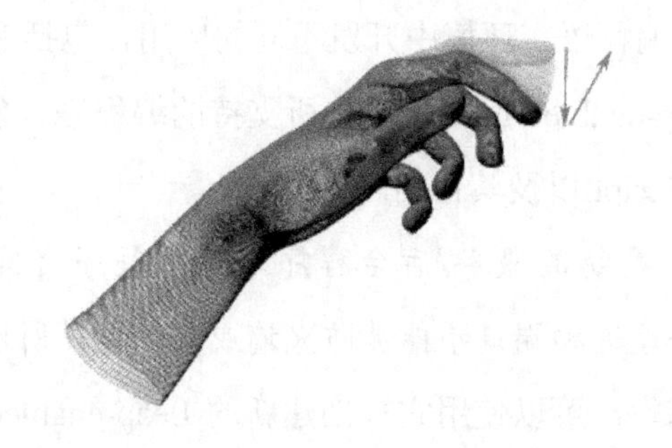

图 2-8　食指的按键点击手势

### 4. 屏幕点击

Leap Motion 系统将一根手指或者杆状物体快速向前运动的过程判别为一个屏幕点击手势 Screen Tap，如图 2-9 所示。屏幕点击可以像触摸一个垂直于地面的屏幕那样，向前点击或者把手推向前方来产生一个屏幕点击手势。与上述按键点击手势类似，屏幕点击手势也是离散形式的，只有一个独立的手势对象会被添加。

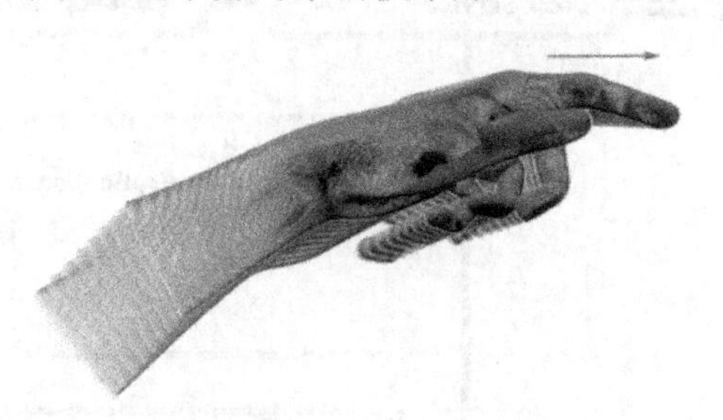

图 2-9　食指的屏幕点击手势

## 2.3　Leap Motion 架构

Leap Motion 设备支持流行的桌面操作系统，在 Windows 平台上可作为一个服务或者在 Mac 和 Linux 平台上以后台程序来运行。设备通过 USB 总线连接到 PC 后，Leap-enabled

应用程序访问 Leap Motion 服务，并接收运动跟踪数据。Leap Motion 的 SDK 提供了两种不同的 API 以便获得 Leap Motion 数据和手部跟踪数据：本地接口和 Web Socket 接口。这些 API 使得用户能够在多种编程语言环境中开发不同的应用，包括在运行 Java Script 的浏览器环境中创建自己的 Leap-enabled 应用程序。所支持的编程语言包括 C++、Objective C、C#、Java、Python、JavaScript 以及其他语言。

**注意**：Leap Motion 系统的服务/后台程序与应用程序之间使用 TCP 端口通信：127.0.0.1:5905，因此这个地址和端口不能被防火墙或其他程序所阻止。

本地接口是一个动态库，可以使用它来创建新的 Leap-enabled 应用程序。Web Socket 接口和 Java Script 客户端库则允许创建 Leap-enabled 的 Web 应用。

### 1. Leap Motion 的本地接口

本地接口是通过动态库提供的，通过其连接到 Leap Motion 的服务上，为用户开发的应用程序提供跟踪数据。用户可以在 C++ 和 Objective C 的应用中直接连接到该库，或者通过 Java、C#或 Python 等语言提供的服务绑定来使用该库。

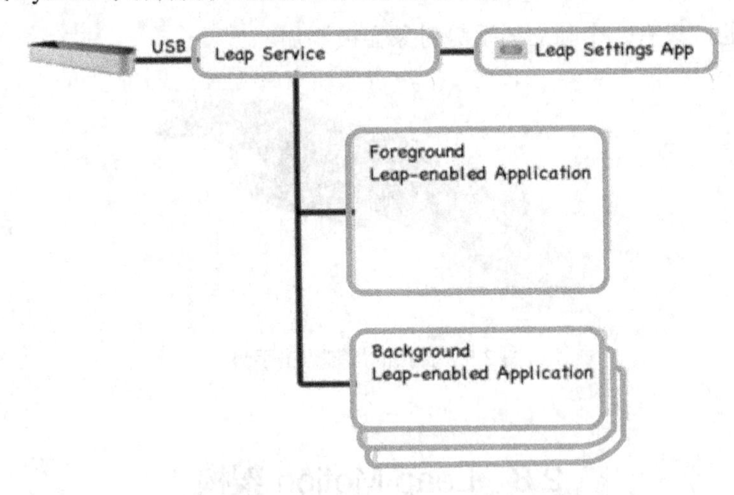


图 2-10　Leap-enabled 应用程序

(1) 通过 USB 总线，Leap Motion 服务接收来自 Leap Motion 设备的跟踪数据。该服务处理这些数据并将其发送给正在运行的 Leap-enabled 应用程序。默认情况下，跟踪数据只发送给前台应用程序，但通过设置，应用程序也可以请求在后台接收跟踪数据。

(2) Leap Motion 应用程序与服务是分开运行的，并允许计算机用户对 Leap Motion 进行配置。Leap Motion 应用程序在 Windows 上以一个控制面板应用程序的形式出现，而在 Mac OS X 上则以一个菜单栏应用程序的形式出现。

(3) Leap-enabled 应用程序通过 Leap Motion 本地库连接到其服务上，并从服务中接收运动跟踪数据。根据所使用的编程语言的不同，除了上述直接通过本地库连接到 Leap Motion 服务上(C++ 和 Objective C)之外，还可以通过封装库进行连接(Java、C#和 Python)。

(4) 当操作系统不再响应 Leap-enabled 应用程序时，Leap Motion 服务停止发送跟踪数据。但当用户所开发的应用程序在后台运行时，可以对系统提出允许接收数据的请求，此时需要由前台应用程序进行参数配置。

## 2．Leap Motion 的 Web Socket 接口

Leap Motion 服务在本地主机的 6437 端口上运行一个 Web Socket 服务，如图 2-11 所示。Web Socket 接口以 JSON 消息的形式提供跟踪数据。Java Script 客户端库对 JSON 消息进行解析，并以常规的 Java Script 对象形式呈现跟踪数据。

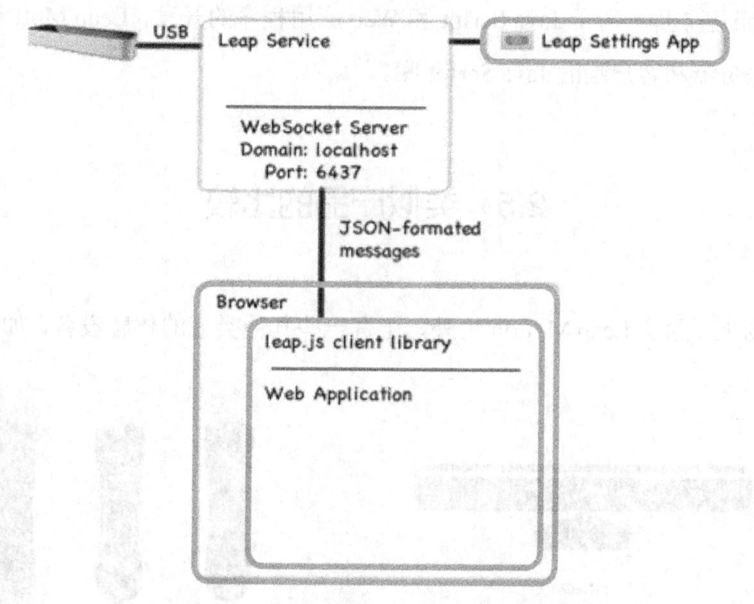


图 2-11　Leap-enabled 的 Web 应用程序

(1) Leap Motion 系统在 http://127.0.0.1:6437 为 Web Socket 服务提供监听服务。

(2) Leap Motion 控制面板允许终端用户启用或停用 Web Socket 服务器。

(3) 服务器以 JSON 消息格式发送跟踪数据，同时应用程序可以将配置消息发送到服务器。

(4) leap.js 客户端的 Java Script 库可以在 Web 应用程序中被使用。通过该库可以创建与服务器的连接，并解析 JSON 消息。Java Script 库提供的 API 在原理和结构上都与本地的 API 无任何区别。

该接口的使用主要是为了 Web 应用程序的开发，任何可以建立 Web Socket 连接的应用程序都可以使用该接口。接口服务需符合 RFC6455 标准。

## 2.4 支持的编程语言

Leap Motion 系统的库是基于 C++ 开发的。由于 Leap Motion 使用开源工具 SWIG，因此，所生成的代码可以绑定到 C#、Java、Python 等开发环境中，并且这些代码均调用 C++ 的 Leap Motion 基本库。对于 Java Script 和 Web 应用程序的开发，Leap Motion 同时提供了 Web Socket 服务器和客户端的 Java Script 库。

## 2.5 类似产品的比较

目前市场上，除了 Leap Motion 之外，还有一些其他类似的体感设备，如图 2-12 所示。

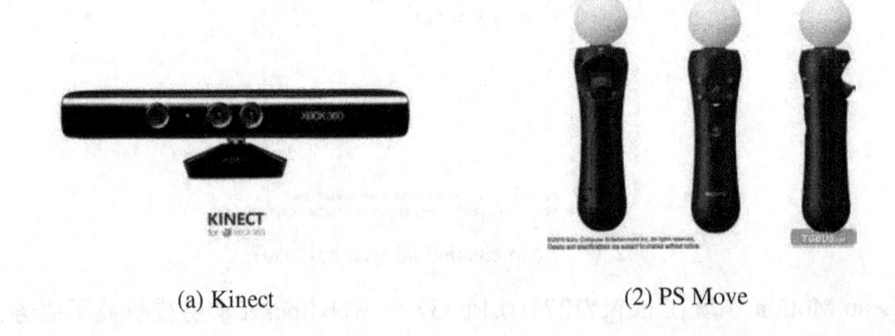


(a) Kinect　　(2) PS Move

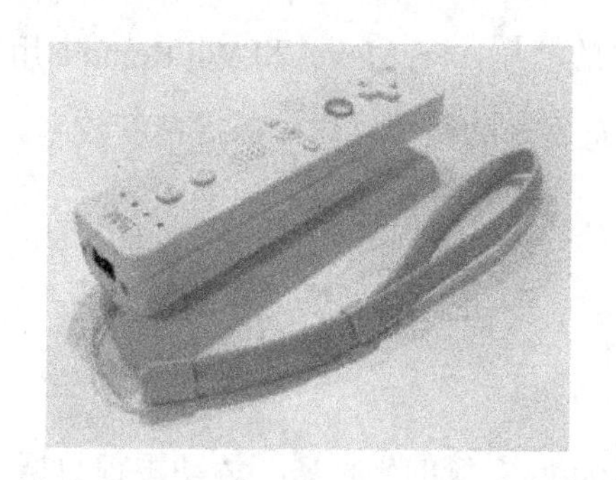

(c) Wii Remote

图 2-12 其他类似的体感设备

这些体感设备的特性对比如表 2-1 所示。

表 2-1 其他体感设备的特性对比

| | Leap Motion | Kinect | PS Move | Wii Remote |
|---|---|---|---|---|
| 传感器 | 双摄像头 | 双摄像头 | 三轴加速度传感器和单摄像头 | 三轴加速度传感器和单摄像头 |
| 体感扫描范围 | 手部细微动作 | 全身 | 手部动作(速度，位置等) | 手部动作 |
| 操作方式 | 站立操作 | 保证手在设备上方一定即可 | 手持设备在一定范围内操作 | 手持设备在一定范围内操作 |

通过表 2-1 可以看到，Leap Motion 和 Kinect 仅仅是使用光学传感器进行动作采集与跟踪，而 PS Move 和 Wii Remote 除了使用光学传感器外，还加入了三轴加速度传感器，但同时也意味着必须手持设备进行操作，无法脱离传统控制器的束缚。因此对用户来说，仅仅通过光学传感器进行的动作采集与跟踪方式，其交互过程更加自然，操作也更加简便，但对设备的软硬件都提出了更高的要求。

上述四种设备都用到了光学传感器，前三个设备均是通过光学传感器捕捉人的动作，从而进行体感控制。而 Wii Remote 的运动数据采集方式则比较特殊，它的红外摄像头隐藏在手持的手柄上，在主机的两侧各有 5 个红外发光二极管，手柄上的摄像头捕捉发光二极管发出的红外光线，以此计算人手在空间中的位置。

Kinect 可以捕捉全身的动作，PS Move 和 Wii Remote 用于捕捉大范围内的手部动作，而 Leap Motion 则用于捕捉手部的精细动作，捕捉精度较高。

## 2.6 本章小结

本章介绍了 Leap Motion 系统的坐标系、运动跟踪数据、系统架构、支持的编程语言等内容，并着重对运动跟踪数据中的帧、手模型、手指和杆状物体模型，以及手势等进行了描述。每帧数据包含一个基本的跟踪数据列表，如手、手指和杆状物体，同时还包括识别出的手势以及视野中所有对象的运动信息，从而通过帧数据描述手部微观细节信息和宏观运动模式。

# 第三章 开发前的准备工作

本章主要介绍在学习和开发 Leap Motion 应用程序之前所需要做的准备工作。内容主要包括：所需的基本技能、系统要求、设备 SDK 开发帮助文档的下载使用方法，以及配置 Leap Motion 应用程序开发环境的步骤等。

## 3.1 所需基本技能

开发 Leap Motion 应用，首先必须掌握一种 Leap Motion SDK 中所支持的编程语言，如 C++、Java、C#、Python、Object-C 等。严谨的逻辑思维，结合一定的开发经验，再掌握一种图形界面编程，如 MFC、QT 等，有利于开发出绚丽多彩、有声有色的应用程序。

其次，由于 Leap Motion 系统是一款国外的产品，众多的原始资料和一流的文档都是用英文编写的，因此，只有直接阅读英文的相关文档才能更好地接近 Leap Motion 系统的本质，理解和掌握 Leap Motion 系统的工作原理与应用开发技术。

最后，还需要坚韧不拔的毅力和“不达目的誓不罢休”的精神。在应用的开发过程中，我们不可避免地会遇到各种各样的程序错误，有些是语法错误，有些是程序逻辑错误，这些错误可能会让我们百思不得其解，可能会困扰我们很久，严重打击我们的信心。但我们不能放弃，要有决心、有毅力去寻找到解决方案。

同时，通过开发 Leap Motion 应用，也能极大地促进读者技能水平的提高。由于本书进行 Leap Motion 应用开发时以 C++ 编程语言为主，以微软的 MFC 进行图形界面开发，因此相信通过本书的学习，读者的 C++ 和 MFC 水平也将获得不小的进步。

## 3.2 系统要求

Leap Motion SDK 支持各种操作系统，包括 Windows、Linux 和 Mac 等。本书中的所有例程均在 Windows 7 系统下的 Visual Studio 2010 集成开发环境下开发的。

## 3.3 下载和安装

### 1. 下载 Leap Motion SDK

开发 Leap Motion 应用程序，不可或缺的是体感控制器制造公司 Leap 提供给开发人员的 SDK 开发包。SDK 即 Software Development Kit，直译为软件开发工具包，其广义上是指辅助开发某一类软件的相关文档、范例和工具的集合。Leap Motion SDK 为开发人员提供了一套 Leap Motion 开发的相关文档，包括 Leap Motion 设备的物理结构和工作原理、各种语言的软件编程接口 API、开发环境的相关配置以及示例程序等，几乎是无所不含。可以说，如果彻底掌握了 Leap Motion 的 SDK 文档，那么开发 Leap Motion 应用将变得易如反掌，畅通无阻了。反之，如果没有 SDK，开发人员是无法进行 Leap Motion 应用开发的。

Leap Motion、SDK 和应用程序之间的关系如图 3-1 所示。

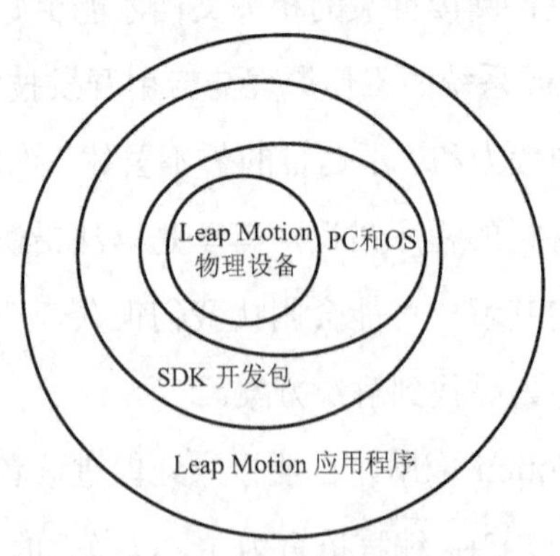


图 3-1 Leap Motion、SDK 和应用程序之间的关系

如果没有设备的SDK，用户将不得不自己开发设备的驱动程序以控制设备和获取设备捕获的数据。这就需要了解设备的物理层构造，因此是非常困难的。而SDK帮助用户屏蔽了底层设备，同时还提供了很多非常好用的API。

获取Leap Motion的SDK开发文档最直接的方式是从Leap Motion的官方网站下载，其网址是：https://developer.leapmotion.com。通过此网站可以找到SDK的下载选项，不过，下载之前需要注册一个用户账号。通过使用自己的邮箱注册账号，之后就可以进行下载了。需要注意的是，针对Windows、Linux或者Mac系统，用户需选择相应的版本进行下载。

2．安装Leap_Motion_Installer

在下载的SDK文档目录中，有一个图标为Leap Motion设备的安装程序Leap_Motion_Installer，此程序是Leap Motion客户端安装器，它将安装设备的驱动程序和设备在操作系统上的服务进程。只有安装了此程序，电脑才能识别并启动运行Leap Motion设备。

双击此Leap_Motion_Installer.exe程序，进入程序的安装界面，按照提示即可安装。需要注意的是，在安装的最后一步，建议勾选“安装骨骼可视化工具”，如图3-2所示。

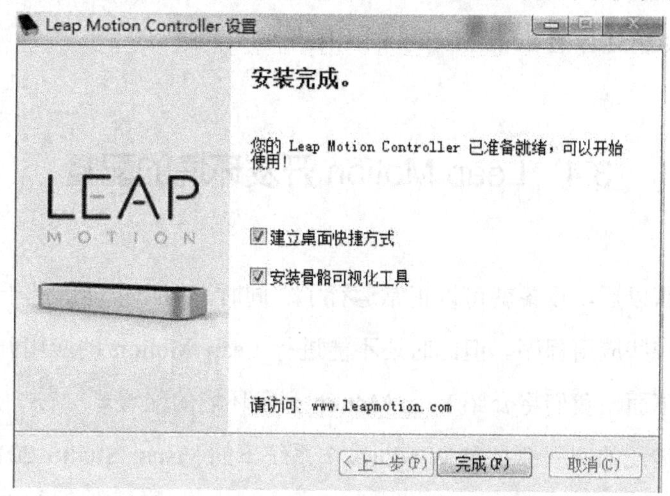


图3-2　安装过程的最后一步

完成安装之后，在系统的开始菜单中可以找到Leap Motion菜单，如图3-3所示。可以看到，共安装了三个程序，其中，Leap Motion Airspace是Leap Motion的应用商店，里面可以找到各种有趣的应用程序，其作用相当于安卓系统中的安卓市场；Leap Motion Control Panel 是设备的控制面板，通过控制面板可以设置设备的运行参数；最后一个 Leap Motion Visualizer 是骨骼可视化工具，通过它可以了解设备运行时的数据流动。这三个工具的使用方法将在后面章节进行详细介绍。

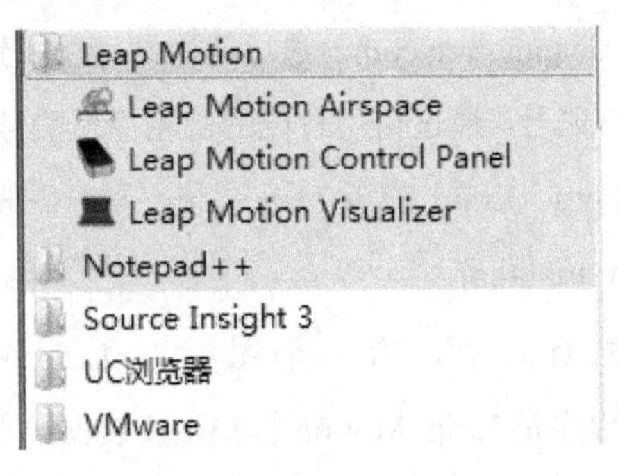


图 3-3 Leap Motion 系统的开始菜单

### 3. 连接设备至电脑

通过 USB 连接线将 Leap Motion 设备接入电脑，如果设备前端的绿灯变亮，正面的三个小红灯同时也变亮了，说明设备启动并正常运行。此时用户可以进入应用商店或者使用骨骼可视化工具尽情地体验 Leap Motion 的无限乐趣了。

## 3.4 Leap Motion 开发环境的配置

经过上述步骤以后，设备就可以正常运行了。同时，用户也能够基于 Leap Motion 设备，体验其中的一些应用程序。但此时还不能进行 Leap Motion 的应用开发，需要进一步配置开发环境。下面，我们将介绍 Leap Motion 开发环境的配置。

由于本书所涉及的例程都是在 Windows 7 系统下的 Visual Studio 2010 中用 C++ 编写的，所以重点介绍 Leap Motion 系统在 Visual Studio 2010 下基于 C++ 编程语言开发的环境配置方法。具体方法可参看 SDK 目录 C++ Documentation 下的 Leap Motion 开发帮助文档，如图 3-4 所示。

# Leap Motion API Library

## C++ Documentation

- Overview
- Leap Motion Architecture
- Developing Leap Motion Applications in C++
- API Reference
- UX Guidelines
- SDK Release Notes
- Leap Motion Visualizer
- Leap Motion Control Application
- Getting Frame Data
- Tracking Hands, Fingers, and Tools
- Leap Motion Touch Emulation
- Hello World

图 3-4　Leap Motion 开发帮助文档

Leap Motion 系统可在 Windows、Linux 以及 Mac OS X 系统下进行开发，帮助文档介绍了具体的开发环境配置方法，如图 3-5 所示。

## Developing Leap Motion Applications in C++

This article discusses how to set up and compile C++ projects from the command line and popular IDEs.

**Topics:**

- Compilers and libraries
- Compiling and linking from the command line
  - On Windows
  - On Mac OS X
  - On Linux
- Mac OS X: Setting up a C++ project in Xcode
  - Mac OS X: Loading the libLeap dynamic library from a different location
- Windows: Setting up a C++ project in Visual Studio

图 3-5　开发环境配置文档

在 Windows 平台下，Leap Motion 的 C++ API 提供了两个动态链接库：Leap.dll (release) 和 Leapd.dll(其中带有 d 标示符的代表 debug 版本)，有 x86 架构下的 32 位和 x64 架构下的 64 位两种版本(实际开发选用的版本取决于用户开发的是 32 位还是 64 位应用程序，而不取决于操作系统是 32 位还是 64 位的)。库文件保存在 SDK 的 lib 文件夹中。

系统环境变量的配置方法如下：

(1) 新建一个环境变量 LEAP_SDK，作为 LeapSDK 的路径。

(2) 新建环境变量的方法是：鼠标右击“计算机”，在“属性”菜单中选择“高级系统设置”选项卡，编辑“环境变量”，出现如图 3-6 所示的界面后，新建系统环境变量。

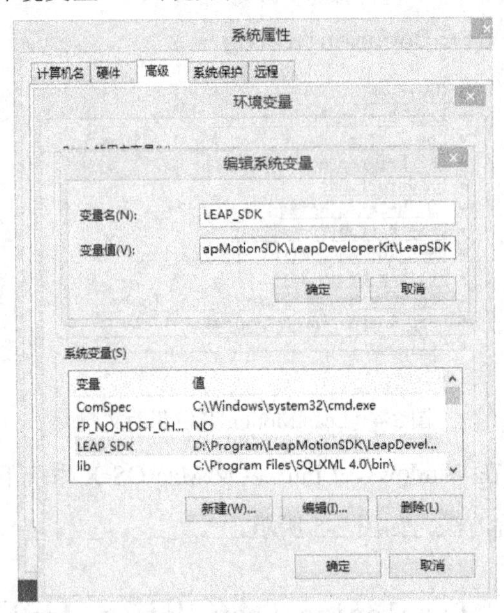


图 3-6　新建系统环境变量

(3) 系统变量名为“LEAP_SDK”，变量值为 SDK 所在目录的全路径。例如，若将下载的 SDK 文档放在了 D 盘，那么进入 D 盘的文档目录后，选择 Leap Motion SDK 目录，然后将此目录的全路径名复制下来，设置为变量值。这样，在系统寻找所需 Leap Motion 应用开发的头文件或者动态链接库的时候，就会搜索到此目录，如图 3-7 所示。

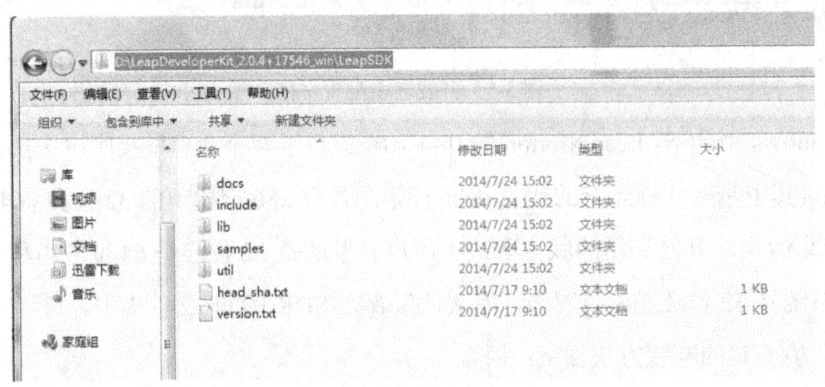


图 3-7　LeapSDK 目录

(4) 当使用 debug 模式时，需要 msvcp100d.dll 和 msvcr100d.dll 两个文件，如果此时系统中没有的话，在 SDK 中也可以找到。

以上为系统环境变量的配置方法，下面主要介绍工程文件的建立方法。在 SDK 中已经包含一些示例工程便于用户学习，这里我们将新建一个工程，方法如下。

(1) 打开项目属性，选择“Project” → “Properties”。

(2) 分别设置 debug 和 release，也可以选择所有配置。

(3) 选择“C/C++”→“常规”(General)，在“附加包含目录”(Additional Include Directories)项中输入 SDK 目录下 include 文件夹的路径“$(LEAP_SDK)\include”(官方 SDK 文档中是这样写的，但是实际上引用系统环境变量，要用%%括起来，所以需写成%LEAP_SDK%\include)，如图 3-8 所示。

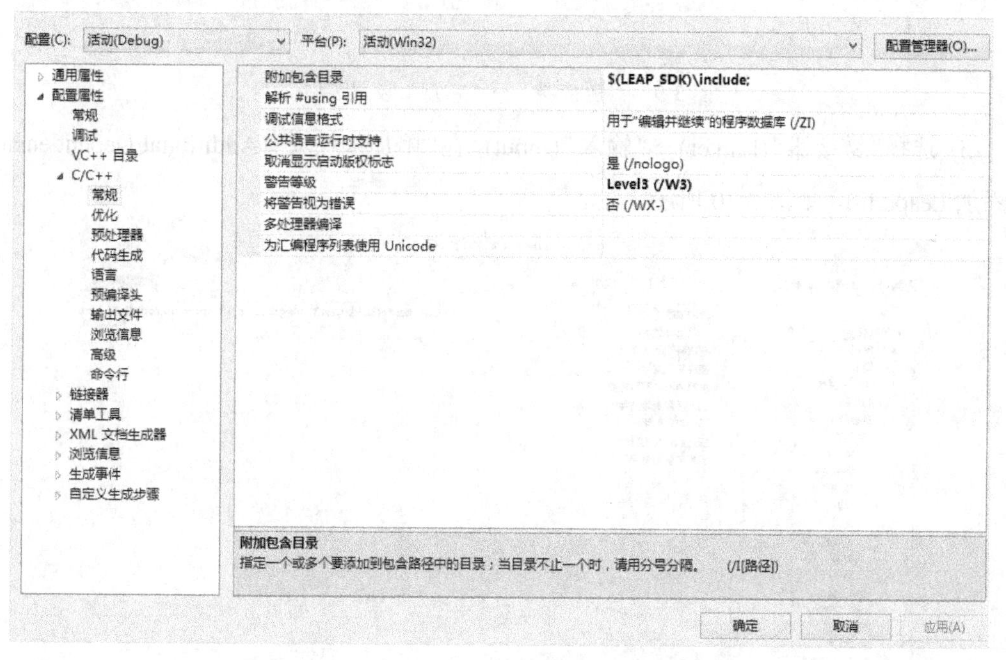


图 3-8　“C/C++” → “常规”设置选项

(4) 选择“链接器”(Linker)→“常规”(General)，根据系统在“附加库目录”(Additional LibraryDirectories)项中输入：“$(LEAP_SDK)\lib\x86”(要写成%LEAP_SDK%\lib\x86)或者“$(LEAP_SDK)\lib\x64”(要写成%LEAP_SDK%\lib\x64)，如图 3-9 所示。

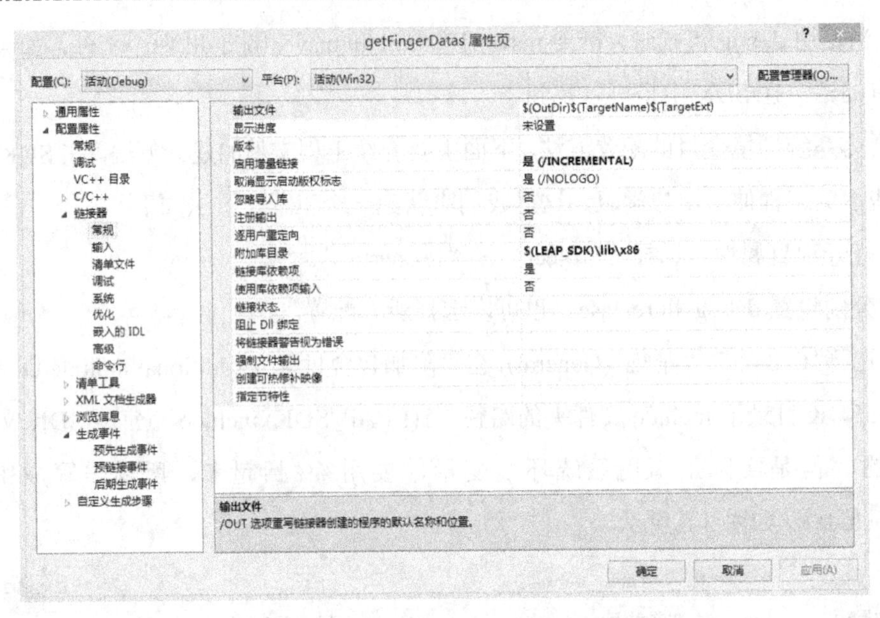


图 3-9 “链接器”→“常规”设置选项

(5) 选择“链接器”(Linker)→“输入”(Input)，在“附加依赖项”(Additional Dependencies)中添加 Leapd.lib，如图 3-10 所示。

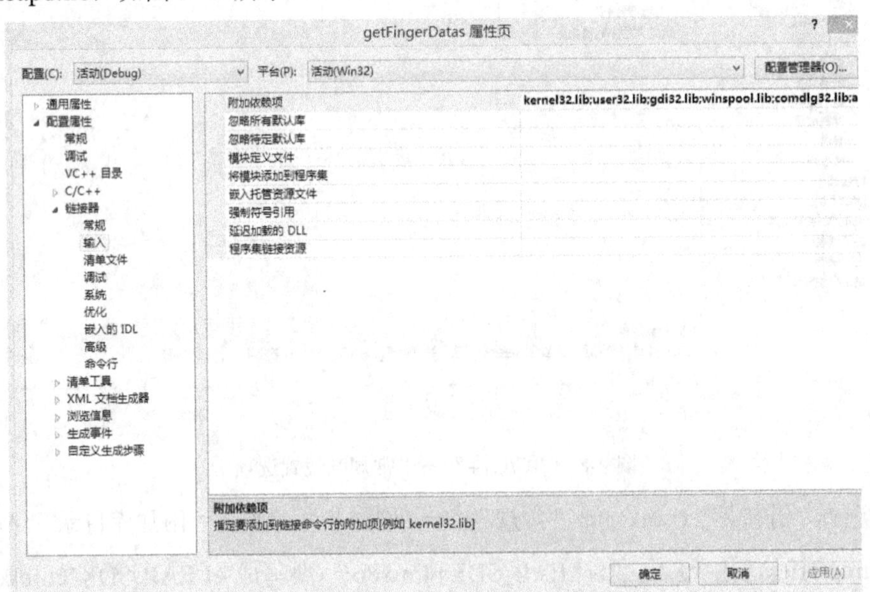


图 3-10 “链接器”→“输入”设置选项

(6) 选择"生成事件"(Build Events)→"后期生成事件"(Post-Build Event)，在 Command Line 中输入：

xcopy $(LEAP_SDK)\lib\x86\Leapd.dll"$(TargetDir)";

xcopy $(LEAP_SDK)\lib\x86\msvcp100d.dll"$(TargetDir)";

xcopy $(LEAP_SDK)\lib\x86\msvcr100d.dll"$(TargetDir)".

此时配置完毕，如图 3-11 所示。

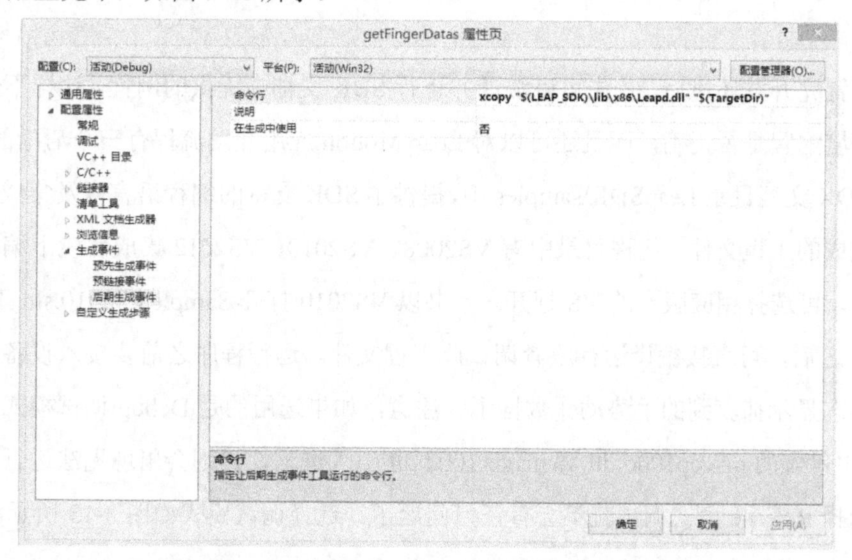


图 3-11　"生成事件"→"后期生成事件"设置选项

以上配置的本质是将编译程序所需要的文件复制到所开发工程项目的相应目录中，如图 3-12 所示。如果读者未能按照本节所述步骤正确配置开发环境，也可以直接将编译所需的文件复制到相应的工程目录下，实现同样功能。

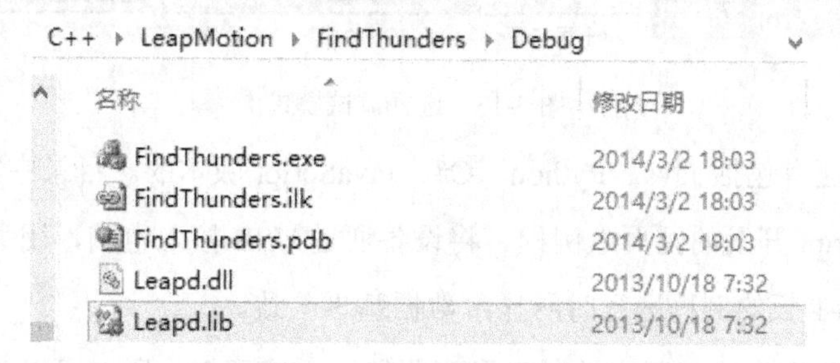


图 3-12　工程项目 Debug 目录

如图 3-12 所示，基于 Leap Motion 系统，当我们在开发工程项目时，由于一些原因导致配置环境存在匪夷所思的问题，此时可以将 Leapd.dll 和 Leapd.lib 直接复制到 Debug 目录下，然后编译即可成功通过。

## 3.5 编译运行例程

在配置完开发环境后，首先可以编译并运行 SDK 文档中提供的例程，这样不但可以检验开发环境配置是否正确，而且还可以对 Leap Motion 应用开发流程有一个清晰的认识。

在 SDK 文档目录 LeapSDK\samples 中，提供了 SDK 支持的编程语言以及集成环境 IDE 下编译完成的工程文件。例程目录中有 VS2008、VS2010、VS2012 集成环境下编译完成的工程文件，可选择相应版本的 VS 打开。本书以 VS2010 打开 SampleVS2010.sln 工程文件，进入 VS 之后，可直接编译运行或者调试此工程文件。运行程序之前要接入设备，随后程序即可动态显示捕获到的手势动作数据了。注意，如果选用的是 Debug 调试模式，则需要将 SDK 中包含的 msvcp100d.dll 和 msvcr100d.dll 引入进来，否则会出现无法运行的情况。当然，选择 Release 模式调试就不会有任何问题了。选择调试模式如图 3-13 所示。

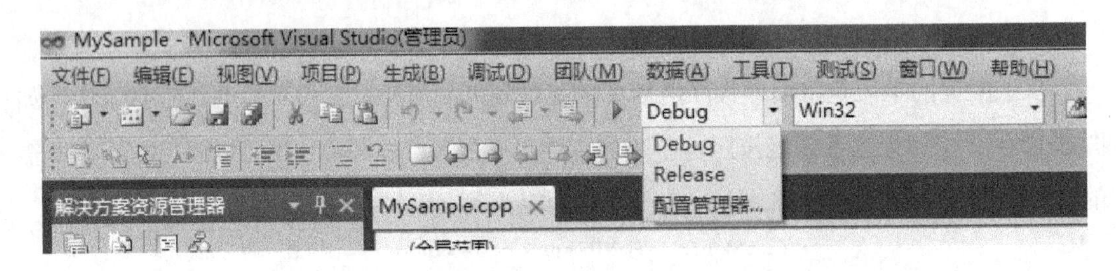


图 3-13 选择调试模式

此外，例程还有包括 Java、Python、C#、JavaScript 版本的。目录中的 Sample.html 文件就是用 JavaScript 开发的网页版例程。将设备通过 USB 接入电脑，用浏览器打开此网页运行，效果和 C++ 版的例程运行时所显示数据基本一致。

由于上述例程在生成工程文件时已经配置好了系统环境，所以可以直接编译运行。那么，我们应该如何编译并运行自己开发的程序呢？

仍然以例程来说明，我们可以在 VS2010 下新建项目 MySample，然后将例程中的全部代码粘贴到文件中，或者引入 LeapSDK\samples 目录下的 Sample.cpp 文件。此时，将会发现 VS 提示 cpp 里有很多错误，这是因为我们没有为应用程序配置好开发环境，编译系统找不到编译本程序所需要的头文件以及动态链接库等必需的文件。因此，需要按照 3.5 节介绍的内容进行系统环境配置。当配置好环境后，就可以正常编译运行了。

## 3.6 本章小结

本章简单介绍了开发 Leap Motion 应用所需的技能、系统要求、如何下载设备 SDK 开发帮助文档以及 Leap Motion 应用程序开发环境配置的步骤，并编译运行了 SDK 文档中提供的例子程序。通过本章的学习，读者将对 Leap Motion 开发具有一个基本的了解，为建立自己的开发环境并为之后的学习和应用开发打下了基础。

# 第四章 Leap Motion 开发文档

在了解了 Leap Motion 的坐标系、运动跟踪数据、系统架构等基本内容后，本章将对 Leap Motion 的开发文档进行简单介绍，以便在整体上把握文档内容。当开发具体应用时，可凭借对开发文档的整体认识，参照英文版文档的相关细节内容。

## 4.1 开发文档导读

首先，我们对开发文档的文件目录结构进行总体介绍。双击进入开发文档 Leap SDK 文件夹，可以看到如图 4-1 所示的目录结构。

| 名称 | 修改日期 | 类型 | 大小 |
| --- | --- | --- | --- |
| docs | 2014/2/27 21:23 | 文件夹 | |
| include | 2014/2/27 21:23 | 文件夹 | |
| lib | 2014/2/27 21:23 | 文件夹 | |
| samples | 2014/2/27 23:10 | 文件夹 | |
| util | 2014/2/27 21:23 | 文件夹 | |
| head_sha.txt | 2013/10/18 7:32 | TXT 文件 | 1 KB |
| version.txt | 2013/10/18 7:32 | TXT 文件 | 1 KB |

图 4-1 Leap SDK 文件夹的目录结构

docs 文件夹中包含了进行 Leap Motion 应用开发所需要的所有帮助文档，其地位和作用相当于微软公司的 MSDN。其中，包括了对 Leap Motion 设备的工作原理、系统架构、设备所支持的各种开发语言的 API 函数等内容的详细介绍，是开发 Leap Motion 应用软件最权威、最准确的帮助信息。

双击进入 docs 文件夹，其目录结构如图 4-2 所示。类似于一个小型的网站，其中的 index.html 是网站的主页，后面会进行详细介绍。此目录下的 Languages 文件夹中包含了应用开发所支持的各种编程语言。

| 名称 | 修改日期 | 类型 | 大小 |
|---|---|---|---|
| Common | 2014/2/27 21:22 | 文件夹 | |
| GetStarted | 2014/2/27 21:23 | 文件夹 | |
| Languages | 2014/2/27 21:23 | 文件夹 | |
| COPYING.BSD | 2013/10/18 7:32 | BSD 文件 | 2 KB |
| COPYING.LGPL | 2013/10/18 7:32 | LGPL 文件 | 36 KB |
| index.html | 2013/10/18 7:32 | UC HTML Docu... | 10 KB |

图 4-2 docs 目录结构

在图 4-1 所示的目录结构中，第二项为 include 文件夹，包含了基于 C++ 开发 Leap Motion 应用程序所需要的所有头文件。在 leap.h 头文件中，抽象和定义了 Leap Motion 应用开发所使用的类。例如，Hands 类抽象并定义了 Leap Motion 设备的视野范围内所有的“手”，Fingers 类抽象并定义了 Leap Motion 设备的视野范围内所有的“手指”。这些类均以动态链接库的形式提供，因此，当我们在开发应用时，需要将合适的动态链接库文件包含到所建立的工程文件中。另一个重要的头文件是 LeapMath.h，它定义了 Leap Motion 应用开发中可能要用到的大量数学计算功能、转换函数以及一些数字常量，如 PI 为圆周率，DEG_TO_RAD 定义为“角度”与“弧度”单位的比率，Vector 类包含点和方向数据，并提供一些有用的数学函数以便实现向量间的运算功能。

在图 4-1 所示的目录结构中，第三项为 lib 文件夹，包含了所有的库文件，如图 4-3 所示。其中，x64 目录下的文件是开发 64 位应用程序所用到的库文件，而 x86 下的文件是开发 32 位应用程序所用到的库文件。

| 名称 | 修改日期 | 类型 | 大小 |
|---|---|---|---|
| UnityAssets | 2014/2/27 21:23 | 文件夹 | |
| x64 | 2014/2/27 21:23 | 文件夹 | |
| x86 | 2014/2/27 21:23 | 文件夹 | |
| Leap.py | 2013/10/18 7:32 | PY 文件 | 57 KB |
| LeapCSharp.NET3.5.dll | 2013/10/18 7:32 | 应用程序扩展 | 92 KB |
| LeapCSharp.NET4.0.dll | 2013/10/18 7:32 | 应用程序扩展 | 83 KB |
| LeapJava.jar | 2013/10/18 7:32 | Executable Jar File | 58 KB |

图 4-3 lib 目录

在图 4-1 所示的目录结构中，第四项为 samples 文件夹，包含了一些基于 Leap Motion 系统开发的例程。这些例程是以不同的编程语言开发的。

随后，再次进入到 docs 文件夹，双击 index.html 网页文件，则会出现以网页形式提供的开发文档，即可以使用浏览器来查看 SDK 文档内容，如图 4-4 所示。

图 4-4　以网页形式提供的 SDK 文档内容

图 4-4 所示页面显示了 Leap Motion 系统所支持的所有编程语言，用户可以根据需要选择自己想要查看的内容。本文以 C++ 版本进行介绍，其他编程语言的文档内容大致相同。

点击图 4-4 所示的主页内容中的 C++ 图标，进入如图 4-5 所示页面。

Leap Motion API Library

C++ Documentation

- Overview
- Leap Motion Architecture
- Developing Leap Motion Applications in C++
- API Reference
- UX Guidelines
- SDK Release Notes
- Leap Motion Visualizer
- Leap Motion Control Application
- Getting Frame Data
- Tracking Hands, Fingers, and Tools
- Leap Motion Touch Emulation
- Hello World

图 4-5　C++ 版本的 API 库

本章简要介绍其中部分主要内容，其余内容读者可参照英文版文档。

### 1. Overview 目录

Overview 目录中的内容主要涉及 Leap Motion 坐标系的建立、运动跟踪数据类型、设备可识别的手势等，对应于第二章 2.1、2.2 节的内容，详细介绍了 Leap Motion 系统对手以及手势进行抽象后得到的模型，理解这些内容对后续开发 Leap Motion 应用将会有很大的帮助。

### 2. Leap Motion Architecture 目录

Leap Motion Architecture 目录中的内容主要涉及 Leap Motion 的系统架构，对应于第二章 2.3、2.4 节的内容，详细介绍了应用程序编程接口、支持的编程语言、支持的操作系统等主题。

### 3. Developing Leap Motion Application in C++ 目录

Developing Leap Motion Application in C++ 目录中的内容主要涉及基于 C++ 开发应用程序时所需进行的相关配置，详细介绍了编译器、库、命令行环境中的编译和连接方法、Mac OS X 系统中基于 Xcode 配置 C++ 工程的方法、Windows 系统中基于 Visual Studio 配置 C++ 工程的方法等内容。

### 4. API Reference 目录

API Reference 目录中的内容主要涉及基于 C++ 开发 Leap Motion 应用时所需要的 SDK 中有关 API 函数的详细说明。在使用 Leap Motion 系统进行手部跟踪与手势识别时，一般来讲，只有前台应用程序才可以接收设备所捕获的运动数据。当应用程序失去焦点变为后台程序时，就不能接收设备所侦获的数据了。但是当使用 Controller 类中的 POLICY_BACKGROUND_FRAMES 标志位时，就可以启用后台程序接收侦获手部运动数据的功能。通过 Controller::policyFlags()函数获取 Leap Motion 设备的控制标志位，通过 Controller::setPolicyFlag()函数设置 Leap Motion 设备的控制标志位。这个功能对于大多数应用来说是很有帮助的，如后面章节中介绍的使用 Leap Motion 设备完成赛车游戏的控制。

## 4.2 Leap Motion 的类与对象

本节将对 Leap Motion SDK 中提供的一些类和对象进行简要的介绍。读者可以一边阅读本文档，一边浏览 API 库的英文文档。

1．Class Controller

Controller 类是 Leap Motion 设备的控制类，是控制 Leap Motion 的“主界面”、接口。用户可以通过创建一个 Controller 类的实例来访问该设备，以获取手部运动信息的“帧”数据，同时也可以读取和配置 Leap Motion 设备的状态信息。

该类的主要方法描述如下：

(1) Controller::Controller()。

(2) Controller::Controller(Listener &Linstener)。

以上两个方法是 Controller 类对象的构造函数，用户可以通过第二个构造函数传入一个 Listener 对象的引用，或者通过下面的方法将一个 Listener 对象的引用注册到一个 Controller 对象中去。

(3) bool Controller::AddListener(Listener &Linstener)。

Controller 对象将由 Leap Motion 设备产生的事件分派到与之相关联的 Listener 对象中，然后触发 Listener 对象的回调函数。但如果有多个 Listener 对象注册到同一个 Controller 对象上，触发这些回调函数的顺序将是随意的、不确定的。此时，回调函数就相当于多线程了。Controller 对象内部维护着一条由 Listener 对象的引用组成的链表，当用户传递一个 Listener 对象的引用给 Controller 类的构造函数或者调用 Controller 对象的 AddListener()方法时，便可将此 Listener 对象注册到此 Controller 对象中去。

(4) bool Controller::removeListener(Listener &Listener)。

用户可以调用 Controller 对象的 removeListener()方法删除一个指定的 Listener 对象，之后 Controller 对象将不会分派 Leap Motion 设备事件到此 Listener 对象。

(5) Config Controller::config() const。

此方法可以返回一个 Config 类的实例，通过 Config 对象，用户可以访问 Leap Motion 设备的系统配置信息。

(6) DeviceList Leap::Controller::devices() const。

此方法返回当前处于连接状态并被 Leap Motion 系统识别的所有物理设备的链表。如果一台电脑上不只连接一个 Leap Motion 设备，使用此方法将会返回一个 DeviceList 类的对象，即 Device 类对象的链表。Device 类代表了一个实际连接的物理设备，通过 Device 类的对象可以获取物理设备的 ID、设备的视野范围等信息。但是，目前的 Leap Motion 系统只能识别一个单一的物理设备。也就是说，目前使用此方法时，最多只能返回一个 Device 类的对象。

(7) void Leap::Controller::enableGesture(Gesture::Type type,bool enable = true )const。

此方法可以开启或关闭 Leap Motion 系统对一个特定手势类型(由 SDK 定义并提供)的识别处理功能。当某个手势类型的识别功能处于关闭状态时，即使在应用中用户做出了这种类型的手势，也会被 Leap Motion 系统所忽略，因此有关此手势的信息将不会出现在“帧”数据的手势列表中。

参数 type 必须是 Gesture 类中定义的 Type 枚举类型变量，enable 为 true 表示开启，为 false 则表示关闭。默认情况下，所有类型的手势识别功能都没有开启。

开发人员可以通过以下方式开启 Leap Motion 系统对手指画圆动作的识别功能：

```
controller.enableGesture(Gesture::Type::TYPE_CIRCLE,true);
```

(8) Controller::isGestureEnabled(Gesture::Type type)。

此方法用来判断指定类型的手势识别功能是否处于开启状态。

(9) Frame Controller::frame(int histroy=0)。

此方法将返回指定的一“帧”数据。对于 Leap Motion 系统，其历史缓存中最多可以保存获取的 60 帧数据历史，因此开发人员可以通过此方法获取最近历史缓存中的某一“帧”数据。frame()和 frame(0)返回最新的一“帧”数据，frame(1)获取先前的一“帧”数据，依次类推。最多只能获取最近 60“帧”的数据，所以 $0 \leqslant history < 60$。

开发人员在开发应用程序时，需要在一个继承自 Listener 类的子类的 onFrame()方法中调用 Controller::frame()方法，以便实时访问设备获取的最新“帧”数据。

(10) bool hasFocus() const。

此方法用于判断当前程序是否获取了系统焦点，是否为前台程序。

(11) bool isConnected() const。

此方法用于判断 Controller 对象是否已连接到 Leap Motion 的服务程序，并且 Leap Motion 硬件是否正确插入。

### 2. Class Frame

Frame 类代表了 Leap Motion 系统所捕获的手与手指的数据集合。Leap Motion 系统按照一定的帧速不断地获取当前处于其视野范围内的手、手指或杆状物体的位置、方向、手势类型等信息，并将其封装成一帧一帧的数据。可以认为每一帧数据都是“静止”的，而当这些“静止”的帧连接起来就成为动态帧了。

当访问帧数据时，必须通过一个 Controller 类的对象来实现，如下所示：

```
if(controller.isConnected())                    //controller 是一个 Controller 类的对象
    {
        Frame frame = controller.frame();           //获取最新的一帧
        Frame previous = controller.frame(1);       //获取先前的一帧
    }
```

此外，还需要实例化一个继承自 Listener 类的子类的对象，并实现一个新的数据帧产生时的回调函数。这个函数即为 Listener 类的 onFrame()函数，需要在其子类中重写此方法。具体细节将在下一小节的例子程序中详细介绍。

(1) float Frame::currentFramesPerSecond () const。

此方法返回当前瞬时的帧速度(帧/秒)。之所以称为瞬时帧速度，是因为这个速度是变化的，受当前要计算的资源大小、设备视野范围内的活动物体、系统配置等因素的影响。

(2) Finger Frame::finger (int32_t id) const。

此方法返回具有指定 id 值的 Finger 类的对象，指定的 id 是通过先前的 Frame 对象获取的。Finger 类代表了 Leap Motion 设备侦测到的手指。一个 Finger 对象是由设备侦测到的一系列 Pointable 类的对象组合而成的。若指定的 Finger 对象不存在，则返回一个无效值。可以通过 Frame::fingers()方法获取 Frame 对象中包含的所有 Finger 类对象组成的一个 FingerList 列表，然后遍历 FingerList 列表中的每一个 Finger 对象，通过 Finger 对象获取并记录其 id 值。注意，虽然在 Finger 类中无法找到获取其 id 的方法，但 Finger 类继承自 Pointable 类，Pointable 类中包含获取 id 的方法 id()，所以，Finger 类自然也可以用 id()这个方法获取 id。还需要注意的一点是，若跟踪的某个手指在 Leap Motion 设备的视野范围内消失了，之后又重新出现在设备视野范围内，虽然前后两次出现的手指是同一个手指，但其 id 可能发生了变化，不再是前一个 id 值。

(3) Gesture Frame::gesture (int32_t id) const。

此方法返回指定 id 值的 Gesture 类的对象，指定的 id 是通过先前的 Frame 对象获取的。若指定的 Gesture 对象不存在，则返回一个无效值。

(4) GestureList Frame::gestures () const。

此方法返回 Frame 对象中出现的所有 Gesture 类对象的一个列表。

(5) Hand Frame::hand (int32_t id) const。

此方法返回指定 id 值的 Hand 类的对象，指定的 id 是通过先前的 Frame 对象获取的。Hand 类代表了 Leap Motion 设备侦测到的手。若指定的 Hand 对象不存在，则返回一个无效值。

(6) HandList Frame::hands () const。

此方法返回 Frame 对象中出现的所有 Hand 类对象的一个列表。

(7) Tool Frame::tool(int32_t id) const。

此方法返回当前 Frame 对象的 Tool 对象。Tool 类代表了设备侦测到的杆状物体。杆状物体是由 Leap Motion 设备侦测到的一些点对象所形成的实体，该实体比人的手指更长、更薄、更直。

(8) ToolList Frame::tools() const。

此方法返回 Frame 对象中出现的所有 Tool 类对象的一个列表。

(9) int64_t Frame::id () const。

此方法返回 Frame 对象的一个唯一的 id 值。Leap Motion 系统用连续自增量标识连续出现的 Frame 对象，因此，可以使用帧的 id 避免在所开发的应用程序中重复处理同一个 Frame 对象。

```
int64_t lastFrameID = 0;
    void processFrame( Leap::Frame frame )
    {
        if( frame.id() == lastFrameID )
        return;
        //...
        lastFrameID = frame.id();
    }
```

(10) InteractionBox Frame::interactionBox () const。

此方法返回当前 Frame 对象的 InteractionBox 对象。

3. Class Listener

Listener 类定义了一系列的回调函数，这些回调函数被 Controller 对象分派的事件所调用，可以在所开发的应用程序中用继承自此类的子类重写这些回调函数。

为了处理 Leap Motion 产生的事件，需要创建一个继承自 Listener 类的子类的对象，并将其加入到 Controller 对象中。当设备产生某个事件之后，Controller 对象会调用与之相关的 Listener 对象的回调函数。注意，如果不想处理某些设备事件的回调函数，那么对于这个回调函数，不去实现它就可以了。

下一小节会对此类进行详细的剖析，所以这里不做过多介绍了。

4. Class Gesture

Gesture 类是手势类，但其并不直接应用于程序，在程序中用到的都是它的子类。它的子类包括 Leap::CircleGesture、Leap::KeyTapGesture、Leap::ScreenTapGesture 和 Leap::SwipeGesture 四个，分别代表如图 4-6 所示的手势。

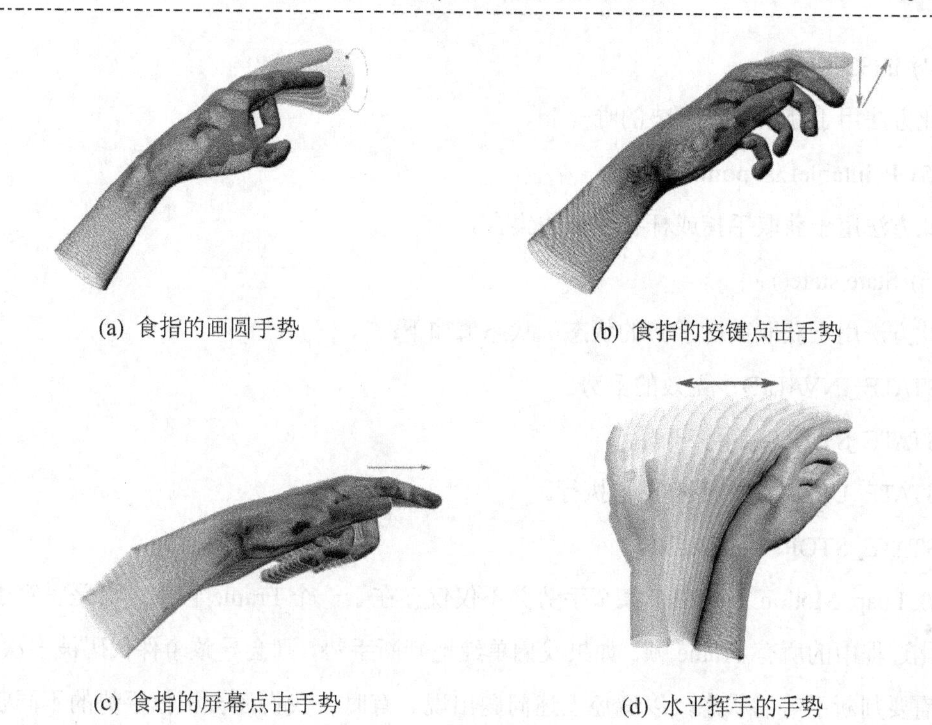

(a) 食指的画圆手势　(b) 食指的按键点击手势

(c) 食指的屏幕点击手势　(d) 水平挥手的手势

图 4-6　Leap Motion 的手势

若要识别某种手势，首先应当对 Controller 类进行设置，调用 enableGesture()方法，激活相应的手势识别功能。当产生一个 Frame 对象的时候，此时用户的手势就包含在 Frame 对象内了。

对于该类，我们很少调用其构造函数，基本都是系统调用后，再传递给我们使用。

该类的常用方法描述如下：

(1) duration() 和 durationSeconds()。

此方法用于获取某种手势持续的时间。第一个函数返回值为 int 型，单位为毫秒；第二个函数返回值为 float 型，单位为秒。

(2) Frame Frame()。

此方法用于获取某种手势的帧数据。

(3) HandList hands()。

此方法用于获取产生某种手势的手的集合。

(4) int32_t id()。

此方法用于获取某种手势的唯一 id。

(5) PointableList pointables()。

此方法用于获取手指或杆状物体的集合。

(6) State state()。

此方法用于获取某种手势的状态，状态值如下：

STATE_INVALID：无效的手势。

STATE_START：手势开始。

STATE_UPDATE：手势正在执行。

STATE_STOP：手势结束。

在 Leap Motion 系统中，某个手势并不仅仅存在于一个 Frame 帧中，而是贯穿于该手势变化过程中的所有 Frame 帧。如果我们单纯地判断手势，则会导致事件代码被多次执行，因此需要判断手势的状态，以避免上述问题出现。有时，我们还会根据手势的不同状态作出不同的响应，后续内容将介绍这个功能。

(7) Type type()。

此方法用于获取某种手势的类型，即如图 3-6 所示的四种手势类型，分别为 TYPE_SWIPE、TYPE_CIRCLE、TYPE_SCREEN_TAP、TYPE_KEY_TAP。此外，还有一种类型为 TYPE_INVALID，即无效的手势类型，很少使用。

### 5. Class InteractionBox

InteractionBox 类用于将 Leap Motion 坐标系转换为屏幕坐标系。通过 Frame 类的 interactionBox()函数可以返回该类的一个对象，进而用它来转化屏幕坐标系。具体方法如下：

```
Leap::InteractionBox iBox = leap.frame().interactionBox();
Leap::Vector normalizedPosition = iBox.normalizePoint(stabilizedPosition);
float x = normalizedPosition.x * windowWidth;
float y = windowHeight - normalizedPosition.y * windowHeight;
```

其中，windowWidth，windowHeight 分别为屏幕宽和高，x 和 y 分别为当前手部在屏幕中的坐标值。

### 6. Class Pointable

Pointable 类的对象表示一个手指或者一个杆状物体。其中杆状物体是比手指更长、更细、更直的实体。

该类的常用方法描述如下：

(1) Vector direction()。

此方法用于获取对象指向的方向。

(2) Frame frame()。

此方法用于获取对象属于的 Frame 帧。

(3) Hand hand()。

此方法用于判别手指所属的手，或者持有某物体的手。

(4) int32_t id()。

此方法用于获取唯一的标识 id。

(5) bool isFinger()和 bool isTool()。

此方法用于判断某对象是手指还是杆状物体。

(6) bool length()。

此方法用于获取长度数据。

(7) Vector stabilizedTipPosition()。

此方法用于获取经过 Leap Motion 系统优化后的某物体的稳定位置。

(8) float touchDistance()。

此方法用于指示某物体与自适应平面之间的距离，通常用于进行屏幕点击判断。

注意：Finger 类和 Tool 类都是该类的子类。

### 7. Class Vector

Vector 类描述一个空间坐标值。其公有型成员变量包括 x、y、z，分别指示三个维度的坐标值，均为 float 类型。其常用接口函数为 float distanceTo(const Vector &other)，用于计算两点间距离。该类还实现了 !=、*、*=、+、+=、-、-=、/、/=、== 等运算符，以方便使用。

## 4.3　完全注释的例程

理论与代码注释相结合，可以让我们在较短的时间内，对系统的运行机制有一个整体上较为清晰的认识和把握。我们学习和开发程序，如果只注重理论而忽略实际代码，是很难进步的。只有将理论与代码结合起来，才能快速、准确地理解程序开发的流程、机制，甚至是思想。

因此，本节主要以理论结合代码注释的方式，向读者介绍 Leap Motion SDK 文档中提供的例程 Sample.cpp。当读者理解这个例程的运行机制后，就基本可以着手开发一些简单的应用程序了。

Leap Motion 系统检测并跟踪人手和手指，一次捕获一“帧”数据。因此，未来我们所开发的应用程序可以通过 Leap Motion 提供的 API 函数来获取这一“帧”数据。本例程是一个简单的命令行程序，运行后将输出所检测到的人手和手指信息。通过对该例程的学习，读者可以掌握如何使用 Leap Motion API 来监听 Frame 事件，以及如何获取每一“帧”中的人手和手指信息。

Leap::Controller 为 Leap 设备和应用程序之间提供了主要的接口，当创建了一个 Controller 对象后，Controller 对象将连接 PC 上的 Leap Motion 软件系统，然后通过 Leap::Frame 对象获取人手的跟踪数据。其中，可以通过实例化一个 Controller 对象、调用 Controller::Frame 函数，来获取 Frame 对象。

在开发应用程序时，可以将 Controller::frame 嵌入到一个循环中，以获得不断更新的帧。或者为 Controller 对象绑定一个监听器，一旦读入有效的跟踪帧数据(或其他的 Leap Motion 事件)，Controller 对象将调用定义在 Leap::Listener 子类中的回调函数。

在例程 Sample.cpp 中，主函数 main 创建了一个 Controller 对象，并通过调用 Controller::addListener()函数将 Leap::Listener 子类的一个实例绑定到 Controller 对象上。同时，例程 Sample.cpp 定义了一个 Leap::Listener 的子类 SampleListener，集成了处理 Leap

Motion 事件的回调函数，这些事件包括以下几种：

(1) onInit——当 SampleListener 对象新加入到一个 Controller 对象中时，将会被调用，且只会被调用一次。

(2) onConnect——当 Controller 对象连接 Leap Motion 设备时，或者当 Listener 对象被加入到一个已经连接好的 Controller 对象上时，触发此函数。

(3) onDisconnect——当 Controller 对象与 Leap Motion 设备断开时(例如，从 USB 拔出 Leap Motion 设备或关闭 Leap Motion 软件时)，触发此函数。

(4) onExit——当监听器与 Controller 对象分离，或 Controller 对象被销毁时，触发此函数。

(5) onFrame——当设备产生一帧新的数据时，触发此函数。

(6) onFocusGained——当应用程序成为前台程序时，触发此函数。

(7) onFocusLost——当应用程序成为后台程序时，触发此函数。

在例程 Sample.cpp 中，当调用其中五种类型事件的回调函数 onInit、onDisconnect、onFocusGained、onFocusLost 和 onExit 时，将在屏幕上分别输出 Initialized、Disconnected、Focus Gained、Focus Lost 以及 Exited。而对于 onConnect 和 onFrame 事件，监听器的回调函数则多做了一些处理工作。当 Controller 对象调用回调函数 onConnect 时，函数将识别所有的手势类型。当 Controller 对象调用 onFrame 函数时，函数将获取最新的手部运动跟踪帧数据，并将检测到的目标信息标准输出。

有关例程的理论知识介绍到这里，下面我们对其进行实际的分析。

例程 Sample.cpp 示例。

```
/******************************************************************************\
* Copyright (C) 2012-2013 Leap Motion, Inc. All rights reserved.               *
* Leap Motion proprietary and confidential. Not for distribution.              *
* Use subject to the terms of the Leap Motion SDK Agreement available at       *
* https://developer.leapmotion.com/sdk_agreement, or another agreement         *
* between Leap Motion and you, your company or other organization.             *
\******************************************************************************/
```

```
#include <iostream>
#include "Leap.h"     //包含 Leap Motion SDK 中提供的 Leap.h 头文件。
using namespace Leap;//引入 Leap 命名空间。

//定义继承自 Listener 类的子类 SampleListener。
//我们将在子类中重写父类的一些方法。
class SampleListener : public Listener {
  public:
    virtual void onInit(const Controller&);
    virtual void onConnect(const Controller&);
    virtual void onDisconnect(const Controller&);
    virtual void onExit(const Controller&);
    virtual void onFrame(const Controller&);
    virtual void onFocusGained(const Controller&);
    virtual void onFocusLost(const Controller&);
};

//onInit()回调函数：当此 SampleListener 对象新加入到一个 Controller
//对象当中去时将会被调用，且只会被调用一次。
void SampleListener::onInit(const Controller& controller) {
  std::cout << "Initialized" << std::endl;
}

//onConnect()函数：当 Controller 对象连接到 Leap Motion 设备，或者当 Listener 对象
//被加入到一个已经连接好了的 Controller 对象上时，触发此函数。
void SampleListener::onConnect(const Controller& controller) {
  //先输出一句提示信息："连接上了"。
```

```
    std::cout << "Connected" << std::endl;
    //为了从 Leap Motion 设备获取手势，我们首先要启用某些待识别的手势识别类型。
    //在 Controller 对象连接 Leap Motion 设备后(即 isConnected 为真值)，我们
    //可以随时启用手势识别。在例程 Sample.cpp 中，回调函数 onConnect()
    //通过调用 enableGesture()函数，启用了所有的手势识别类型。
    //其中，enableGesture()函数是由类 Controller 定义的。
    controller.enableGesture(Gesture::TYPE_CIRCLE);
    controller.enableGesture(Gesture::TYPE_KEY_TAP);
    controller.enableGesture(Gesture::TYPE_SCREEN_TAP);
    controller.enableGesture(Gesture::TYPE_SWIPE);
}
```

//onDisconnect()函数：当 Controller 对象与 Leap Motion 设备断开(例如，从 USB 拔出 Leap Motion 设备或关闭 Leap Motion 软件)，则触发此函数。

```
void SampleListener::onDisconnect(const Controller& controller) {
    //输出一句提示信息："连接断开"。
    std::cout << "Disconnected" << std::endl;
}
```

//onExit()函数：当监听器与 Controller 对象分离，或 Controller 对象被销毁时，触发此函数。

```
void SampleListener::onExit(const Controller& controller) {
    std::cout << "Exited" << std::endl;
}
```

//onFrame()函数：当设备产生一帧新的数据时，触发此函数。

//onFrame 函数实现的功能有：从 Controller 对象获取最新的 Frame 对象，

//并根据 Frame 对象检索人手的 list 列表，然后输出 Frame 的 ID、时间戳、

//以及帧数据中人手的数量、手指数、杆状物体的数量等信息。

```
void SampleListener::onFrame(const Controller& controller) {
 /*
    当 Leap Motion 产生新的运动跟踪帧数据，Controller 会调用回调函数 onFrame()，
    我们可以通过调用函数 Controller::frame()来获得对应的数据，其中函数的返回
    值就是最新的 Frame 对象(Controller 对象的引用被作为参数传给了回调函数)。
    一个 Frame 对象包含一个 ID、一个时间戳以及手的对象的 list 列表(手的对象即
    Leap Motion 视野范围内实际存在的手)。
 */
 const Frame frame = controller.frame();
 //获取并输出此 frame 的 id。
 std::cout << "Frame id: " << frame.id()
        //获取并输出此Frame的时间戳,是指自设备开始侦获数据到捕获此frame的时间间隔。
           << ", timestamp: " << frame.timestamp()
        //获取并输出此 Frame 对象中手对象的个数。
           << ", hands: " << frame.hands().count()
        //获取并输出此 Frame 对象中手指对象的个数。
           << ", fingers: " << frame.fingers().count()
        //获取并输出此 Frame 对象中“杆状物体”对象的个数。
           << ", tools: " << frame.tools().count()
        //获取并输出此 Frame 对象中 Gesture 对象的个数。
           << ", gestures: " << frame.gestures().count() << std::endl;
 //判断此 Frame 中包含有 Hand 对象。
 if (!frame.hands().isEmpty()) {
   //获取手列表中第一个 Hand 对象。
   const Hand hand = frame.hands()[0];

   //获取此 Hand 中手指的列表。
```

```
    const FingerList fingers = hand.fingers();
//检测在此手指列表中包含有手指的对象。
    if (!fingers.isEmpty()) {
        // Calculate the hand's average finger tip position
  //计算此手中的手指指尖的一个平均位置。
        Vector avgPos;
  //遍历手指列表中所有的手指对象，并将其指尖的位置信息累加到 avgPos 中。
        for (int i = 0; i < fingers.count(); ++i) {
            avgPos += fingers[i].tipPosition();
        }
  //avgPos 除以手指的个数，得到一个平均值。
        avgPos /= (float)fingers.count();
  //输出此 hand 对象中手指的个数和指尖位置的平均值。
        std::cout << "Hand has " << fingers.count()
                  << " fingers, average finger tip position" << avgPos << std::endl;
    }

    //获取并输出手的球体半径和手掌的位置。
    std::cout << "Hand sphere radius: " << hand.sphereRadius()
              << " mm, palm position: " << hand.palmPosition() << std::endl;

//获取手的法向量。
    const Vector normal = hand.palmNormal();
//获取手的方向。
    const Vector direction = hand.direction();

//计算俯仰、滚动和偏航角。
```

```
    std::cout << "Hand pitch: " << direction.pitch() * RAD_TO_DEG << " degrees, "
              << "roll: " << normal.roll() * RAD_TO_DEG << " degrees, "
              << "yaw: " << direction.yaw() * RAD_TO_DEG << " degrees" << std::endl;
  }

  /*
    Leap Motion 系统将代表识别动作模型的 Gesture 对象放到 Frame 对象中 gestures 的 list
    列表里。在回调函数 onFrame()中，例程 sample 循环读取 gestures 的 list 列表，并将每个
    手势的信息输出。整个操作是通过一个标准 for 循环和 switch 语句来实现的。
  */
  //获取手势，通过 Frame 的 gestures()方法获取当前帧中的手势列表。
  const GestureList gestures = frame.gestures();
  //遍历手势列表中的每一个手势，gestures.count()获取的是手势列表中手势的个数。
  for (int g = 0; g < gestures.count(); ++g) {
    //将当前被遍历的手势对象保存到 gesture 变量中。
    Gesture gesture = gestures[g];

//根据手势的类型做不同的处理。
    switch (gesture.type()) {
   //如果手势类型是“画圆”。
      case Gesture::TYPE_CIRCLE:
      {
        //CircleGesturele 类是 Gesture 类的子类。
        CircleGesture circle = gesture;
        std::string clockwiseness;

        if (circle.pointable().direction().angleTo(circle.normal()) <= PI/4) {
```

```
        //clockwise 表示顺时针。
        clockwiseness = "clockwise";
    } else {
        clockwiseness = "counterclockwise";
    }

    /*
      我们常常会用到将当前帧的手势信息与前面帧里对应的手势进行比较的功能，
      例如，画圈的手势动作里有个进度属性，此属性用来表征手指已经画圈的次数。
      这是一个完整的过程，如果想在帧与帧之间获取这个进度，需要减去前一帧中
      手势的进度值。在实际操作中，我们可以通过手势 gesture 的 ID 找到对应的帧。
      下面的代码就是用了这个方法由前帧推导得到相应的角度值(单位：弧度)。
*/
float sweptAngle = 0;
//判断当前帧中代表的 Circle 对象是不是这种手势开始的状态。
//一个完整的手势动作是被静态的、分散地存放在每一帧中的。
//整个手势动作的生命周期包含了开始到结束的完整过程，Leap Motion
//系统将捕获的一个手势动作开始的那一帧中的手势对象的状态表
//示为 Gesture::STATE_START。
    if (circle.state() != Gesture::STATE_START) {
      CircleGesture previousUpdate = CircleGesture(controller.frame(1).gesture(circle.id()));
      sweptAngle = (circle.progress() - previousUpdate.progress()) * 2 * PI;
    }
//获取并输出此手势对象的 id。
    std::cout << "Circle id: " << gesture.id()
              //获取并输出此手势对象的状态。
              << ", state: " << gesture.state()
```

```
                //获取并输出此手势对象的进度。
                //比如，输出 0.5 表示画圆的进度进行了一半，即只画了半个圆。
                //输出 5 则代表画了五个整圆。
                << ", progress: " << circle.progress()
                //获取并输出所画圆的半径。
                << ", radius: " << circle.radius()
                //获取并输出手指扫过区域的角度。
                << ", angle " << sweptAngle * RAD_TO_DEG
                //获取并输出画圆的方向，是顺时针还是逆时针。
                << ", " << clockwiseness << std::endl;
        break;
      }
//整个手势识别循环检测的代码。

//如果手势类型为挥手动作。
      case Gesture::TYPE_SWIPE:
      {
  //SwipeGesture 也是 Gesture 的子类。
        SwipeGesture swipe = gesture;
   //获取并输出手势的 id。
        std::cout << "Swipe id: " << gesture.id()
     //获取并输出手势动作的当前状态。
           << ", state: " << gesture.state()
     //获取并输出手势动作的方向。
           << ", direction: " << swipe.direction()
     //获取并输出手势动作当前的速度。
           << ", speed: " << swipe.speed() << std::endl;
```

```
    break;
  }
//如果手势类别为按键点击动作。
  case Gesture::TYPE_KEY_TAP:
  {
    KeyTapGesture tap = gesture;
 //获取并输出手势 id。
    std::cout << "Key Tap id: " << gesture.id()
  //获取并输出手势动作的当前状态。
      << ", state: " << gesture.state()
  //获取并输出敲击的位置坐标。
      << ", position: " << tap.position()
  //获取并输出敲击的方向。
      << ", direction: " << tap.direction()<< std::endl;
    break;
  }
  //如果手势类别为屏幕点击动作。
  case Gesture::TYPE_SCREEN_TAP:
  {
    ScreenTapGesture screentap = gesture;
 //获取并输出手势 id。
    std::cout << "Screen Tap id: " << gesture.id()
 //获取并输出手势动作的当前状态。
    << ", state: " << gesture.state()
 //获取并输出敲击的位置坐标。
    << ", position: " << screentap.position()
 //获取并输出敲击的方向。
```

```
            << ", direction: " << screentap.direction()<< std::endl;
            break;
        }
    //其他的动作手势被表示为不识别的手势类型。
        default:
            std::cout << "Unknown gesture type." << std::endl;
            break;
      }
    }
    //如果当前帧中没有 Hand 对象，或者没有手势对象。
    if (!frame.hands().isEmpty() || !gestures.isEmpty()) {
      std::cout << std::endl; //输出换行符。
    }
}

//onFocusGained()函数：当应用程序成为前台程序时，触发此函数。
void SampleListener::onFocusGained(const Controller& controller) {
  //输出一句提示信息“获得焦点”。
  std::cout << "Focus Gained" << std::endl;
}

//onFocusLost()函数：当应用程序成为后台程序时，触发此函数。
void SampleListener::onFocusLost(const Controller& controller) {
  //输出一句提示信息“失去焦点”。
  std::cout << "Focus Lost" << std::endl;
}
```

```
int main() {
  //创建一个 SampleListener 类的对象。
  //Listener 对象用于监听 Controller 对象传来的事件消息，并作相应的处理。
  SampleListener listener;
  //创建一个 Controller 类的对象。
  //Controller 对象用于与设备交互，将设备产生的事件消息分派给 listener 对象。
  //由 Listener 对象处理事件消息，针对不同的消息做不同的处理。
  //之所以让 SampleListener 类继承自 Listener 对象，就是为了重新得到 Listener 对象的方法，
  //以根据我们需要，对特定的消息做特定的处理。
  Controller controller;

  //将 Listener 对象“注册到”Controller 对象，
  //之后，Listener 对象就可以接受 Controller 对象分派的事件消息了。
  controller.addListener(listener);

  //保持程序一直运行，直到我们从键盘输入字符。
  std::cout << "Press Enter to quit..." << std::endl;
  std::cin.get();

  //当程序要终止的时候，从 Controller 对象中移除注册过的 Listener 对象。
  controller.removeListener(listener);

  return 0;
}
```

第三章已经介绍了如何编译运行此例程 Sample.cpp，读者可按照步骤编译运行程序，这里就不再赘述了。

## 4.4 Leap Motion 的应用商店

Leap Motion 的应用商店 Airspace Store 与 Apple 的 App Store 类似。该商店只存在于网页端，注册账号后即可下载应用。由于 Leap Motion 支持 Windows 和 Mac 两个平台，所以下载应用需要针对两个平台进行单独适配。在应用简介里，有其所支持平台的标识，大部分应用都同时支持两个平台。应用商店首页以卡片的形式展示推荐的应用，分为收费和免费两大类。下面简要介绍一些 Leap Motion 的应用。

### 1．Orientation

Orientation 应用为 Leap Motion 自带的应用程序，该程序简单介绍了 Leap Motion 的功能，可以显示手部骨架，进行绘画等，如图 4-7 所示。

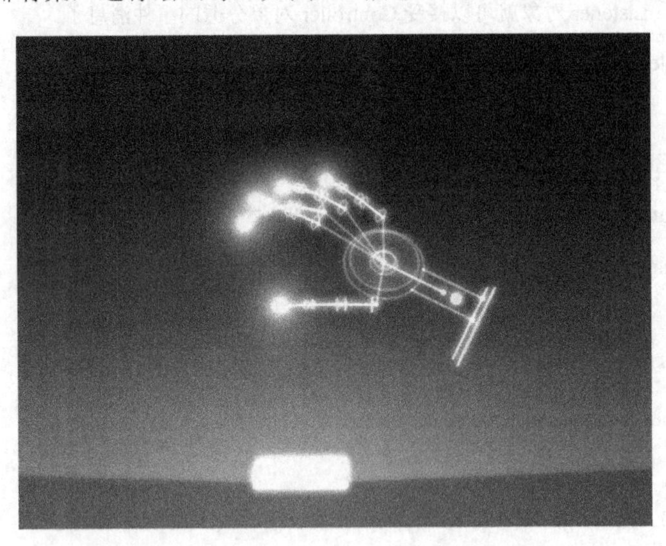

图 4-7　Orientation

### 2．Bongos

Bongos 应用是一个鼓类游戏，游戏者可以在空中做拍打动作，模拟敲鼓的过程，并产生具有节奏的鼓声，如图 4-8 所示。

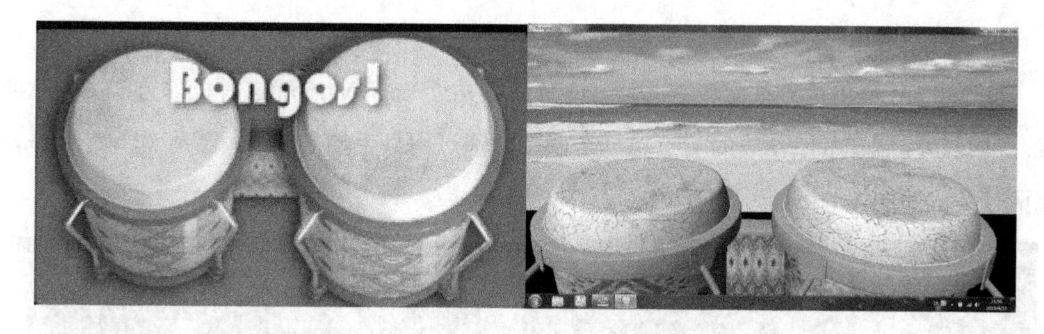


图 4-8 Bongos

### 3. Touchless for Windows

Touchless for Windows 应用是一个控制鼠标指针的程序，如图 4-9 所示。在本书后面的学习中，我们将自行开发一个类似的程序。

图 4-9 Touchless for Windows

### 4. Cut the Rope

Cut the Rope 游戏原本是一款手机游戏，现在被移植到 PC 上，并用手势实现操作，如图 4-10 所示。

图 4-10 Cut the Rope

### 5. Dropchord

Dropchord 应用是一款比较有新意，而且比较贴近 Leap Motion 这种操作方式的一款游戏。两只手控制一条线，线的端点在一个圆上，通过两只手控制线进行躲避炸弹等操作，完成任务，如图 4-11 所示。

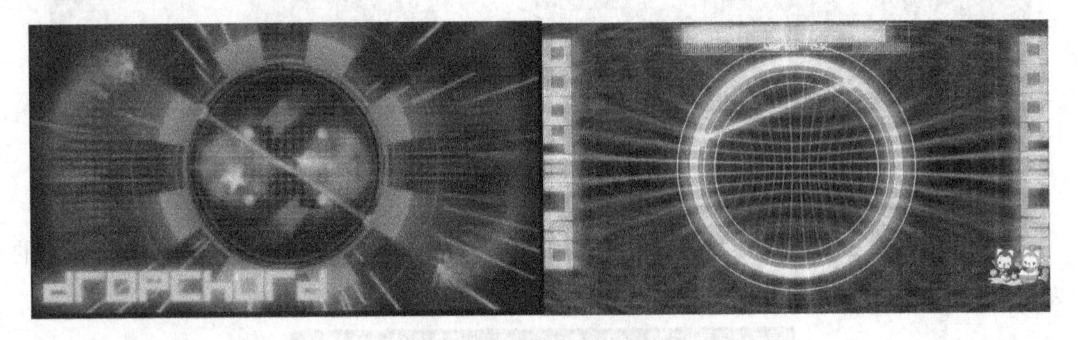


图 4-11 Dropchord

### 6. Frog Dissection

Frog Dissection 应用为一款解剖模拟应用，可以模拟针、剪刀、手术刀、镊子的操作，由于感知的距离十分精准，在空中可以模拟真实解剖的动作，这是触摸屏做不到的，如图 4-12 所示。

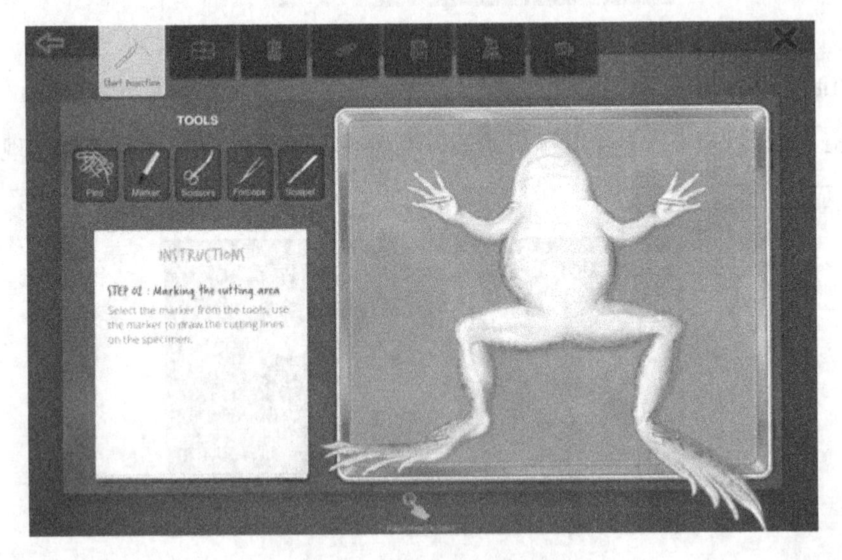


图 4-12 Frog Dissection

## 4.5 本章小结

本章首先简要介绍了 Leap Motion 开发文档的结构以及内部组织形式。其次，较为详细地阐述了以 C++ 开发语言为主的 Leap Motion 类以及一些主要的方法函数。然后，通过对 C++ 版本例程 Sample.cpp 的详细说明，使得读者可以在较短的时间内，对 Leap Motion 系统的运行机制有了更清晰的认识和把握。最后，通过 Leap Motion 应用商店提供的多种应用，展现了其强大的功能和无限创意，对提高用户兴趣、拓展用户思维具有很好的帮助作用。

# 第五章　小试身手

从本章开始，我们将正式学习 Leap Motion 的应用开发。本章将介绍一个简单实用小应用的开发过程。

## 5.1　“丢掉鼠标”

提到手势识别，大多数人想到的都是用手指进行类似触摸的操作过程。手指在空中进行滑动、点击等一系列的操作，可以弥补电脑没有触摸屏的“硬伤”。在 Windows 操作系统中，我们进行触摸操作，就是要控制鼠标指针的滑动、左击、右击等操作。

对 Leap Motion 比较了解的读者可能已经使用过 Leap Motion 应用商店中的几个用来控制鼠标指针的程序。这些程序都具有不错的实现效果，例如会在鼠标指针处显示一个漂亮的点，当用户手指接近屏幕时，此点会发生变化，以显示用户的操作。图 5-1 即为 Leap Motion 应用商店中 Touchless for Windows 应用的点击效果画面。

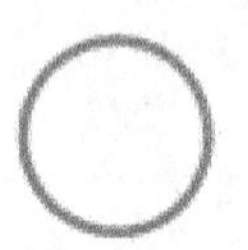

未按下的状态

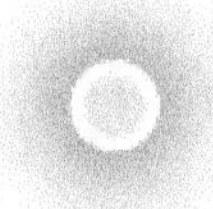

按下的状态

图 5-1　Touchless for Windows 应用的点击效果

但是这些程序也有一些缺点。例如，由于点击和定位都使用同一只手，因此，在点击的时候，指针的位置也会同时发生变化，导致点击不够准确。

为了解决这个问题，我们换一个思路，采用双手操作的方式，将指针定位和鼠标点击分别定义到两只手上，这样就可以避免定位和点击操作的相互影响，进而提高点击的准确率。

## 5.2 相关手势定义

在确定了将定位与点击分开操作的方案之后，鉴于大部分人平时的习惯，定义使用左手定位，右手进行点击操作。

对于左手来说，需要将手指的位置映射到屏幕坐标系上，并作为鼠标指针的位置，实现定位操作；而右手主要实现左击和右击操作，因此可以使用两种不同的手势来区分。Leap Motion 中提供了四种封装好的手势，分别是画圆(Circle)、挥手(Swipe)、按键点击(Key Tap)和屏幕点击(Screen Tap)。考虑到左击操作是常用的手势，所以使用 Key Tap 手势来对应此操作，原因如下：

(1) 该手势与鼠标点击的操作比较相似和直观，符合用户习惯，易于被用户接受；

(2) 左击操作比较常用，Key Tap 手势容易实现，省时省力，方便用户的使用。

而对于右击操作，由于该手势比较少用，因此使用 Circle 手势来对应此操作，原因如下：

(1) 右击操作比较少用，而 Circle 动作比较难做出，可以在很大程度上防止误触的发生；

(2) 一般右击操作对时效性要求不是特别高，因此 Circle 手势时间较长的缺点被掩盖了。

## 5.3 代码实现

模拟鼠标的流程如图 5-2 所示。

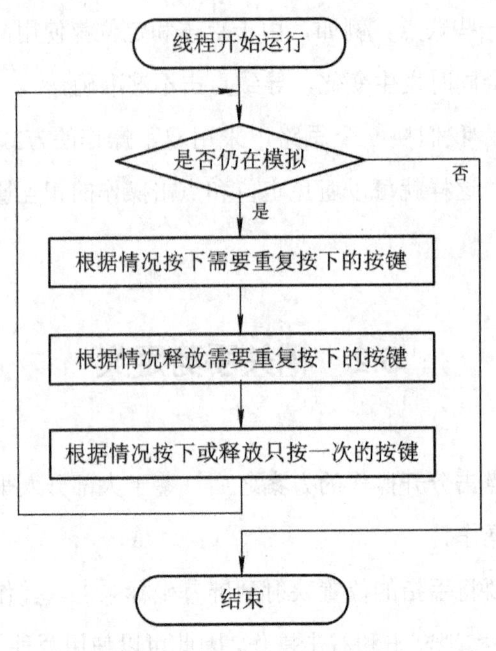


图 5-2　模拟鼠标的流程

(1) 建立一个 Leap 工程，具体步骤可参照本书第三章的相关内容进行操作。

(2) 编写一个类，从 Leap::Listener 继承，具体代码如下：

```
class CMouseListener :
    public Listener
{
private:
    int screenWidth ,screenHeight; //屏幕宽和高。
};
```

因为指针位置与屏幕大小相关，所以我们在 Listener 中定义了两个成员变量，以记录屏幕尺寸。

(3) 编写 OnInit 方法，初始化 Listener，获取屏幕宽和高，具体代码如下：

```
public virtual void onInit(const Controller&);
void CMouseListener::onInit(const Controller& controller) {
```

```
    //获得屏幕宽和高。
    HDC hdc = GetDC(NULL);
    screenHeight = ::GetDeviceCaps(hdc,VERTRES) ;
    screenWidth = ::GetDeviceCaps(hdc,HORZRES) ;
    ReleaseDC(NULL,hdc);
}
```

(4) 编写 OnConnect 方法，在连接设备时，要注册各种需要使用的手势。默认情况下，Leap 程序进入后台时，就无法接收到 Leap Motion 传来的数据，需要进行“使能”操作，来使程序能够在后台情况运行，代码如下：

```
Public virtual void onConnect(const Controller&);
void CMouseListener::onConnect(const Controller& controller) {
    //注册画圆手势，表示鼠标右击。
    controller.enableGesture(Gesture::TYPE_CIRCLE);
    //注册按键手势，表示鼠标左击。
    controller.enableGesture(Gesture::TYPE_KEY_TAP);
    //让程序在后台时依然能接收到 Leap 消息，同时，应当让客户在 Leap Motion 控制面板中
    //开启“允许后台应用程序”的选项。
    controller.setPolicyFlags(Controller::PolicyFlag::POLICY_BACKGROUND_FRAMES);
}
```

(5) 编写 OnFrame 方法，定义当接收到数据帧时进行的操作，代码如下：

```
public virtual void onFrame(const Controller&);
void CMouseListener::onFrame(const Controller& controller) {
}
//在 OnFrame 函数中，首先要获取当前 frame：
const Frame frame = controller.frame();
//如果 Frame 中没有出现手部，则退出函数，不进行任何操作：
```

```
if( frame.hands().isEmpty()) return ;
//找出左手，用于定位。因为在 Leap 坐标中，向右为 x 轴正方向，所以，取 x 坐标最小的
//一只手，则为左手：
    Hand leftHand;
    leftHand = frame.hands()[0];
    for ( int i = 1 ; i < frame.hands().count() ; i++ )
    {
        //比较 leftHand 和第 i 只手的 x 坐标，如果 leftHand 的 x 坐标大于第 i 只手，则把该
        //手的信息赋值给 leftHand。
        if (leftHand.fingers().frontmost().stabilizedTipPosition().x >
        frame.hands()[i].fingers().frontmost().stabilizedTipPosition().x)
        {
            leftHand = frame.hands()[i];
        }
    }
//获得左手的稳定坐标：
    Leap::Vector stabilizedPosition = leftHand.fingers().frontmost().stabilizedTipPosition();
//将坐标转化为屏幕坐标：
    Leap::InteractionBox iBox = controller.frame().interactionBox();
    Leap::Vector normalizedPosition = iBox.normalizePoint(stabilizedPosition);
//因为我们是双手操作，所以左手在屏幕的右侧和下方，会有一些很难到达的区域，所以，
//将屏幕宽高扩大为原来的 1.2 倍，减少边缘难定位的问题。
    int x = normalizedPosition.x * (screenWidth*1.2);
    int y = screenHeight - normalizedPosition.y * (screenHeight*1.2);
//将指针移动到手指所在坐标位置：
    ::SetCursorPos(x,y);
```

至此，我们已经成功利用左手将指针定位。接下来，我们将检测手势进行点击操作。

首先，需要获得手势列表：

```
const GestureList gestures = frame.gestures();
```

遍历所有手势，当遇到某一手势时，进行对应的操作。根据 Leap Motion 对 Circle 手势的定义，该手势不仅在手势结束时产生消息，而是在整个手势过程中都会产生消息，为了避免不断响应消息，响应次数过多，不符合点击操作的本质，因此，只在手势结束时，才进行一次响应。而 Key Tap 手势则无此问题，直接响应即可。同时，还需要检测并判断产生手势的手是否是左手，因为左手只用来做定位操作，所以左手产生的手势将被判为无效，这时可以使用 id 进行上述判断。

```
for (int g = 0; g < gestures.count(); ++g)
  {
     Gesture gesture = gestures[g];
     //检测产生该手势的手，是不是左手：
     for(int i=0; i<gesture.hands().count(); i++)
     {
          if(gesture.hands()[i].id() == leftHand.id()) return;
     }
  //如果是 Key Tap 手势，进行左键点击操作：
     if ( gesture.type() ==   Gesture::TYPE_KEY_TAP )
     {
          ::mouse_event(MOUSEEVENTF_LEFTDOWN,0,0,0,NULL);
         //缓冲 10 毫秒。
          Sleep(10);
          ::mouse_event(MOUSEEVENTF_LEFTUP,0,0,0,NULL);
     }
```

```
//如果是 Circle 手势，则先判断状态是否为停止，再进行右键点击操作。
    if ( gesture.type() == Gesture::TYPE_CIRCLE)
    {
        if (gesture.state() == Gesture::STATE_STOP)
        {
            ::mouse_event(MOUSEEVENTF_RIGHTDOWN,0,0,0,NULL);
            Sleep(10);
            ::mouse_event(MOUSEEVENTF_RIGHTUP,0,0,0,NULL);
        }
    }
  }
```

(6) 编写主函数，初始化各项值，代码如下：

```
#include "stdafx.h"
#include "Leap.h"
#include "MouseLintener.h"

int _tmain(int argc, _TCHAR* argv[])
{
    CMouseListener listener;
    Controller controller;
        controller.addListener(listener);
    std::cin.get();
    controller.removeListener(listener);
        return 0;
}
```

## 5.4 本章小结

本章在了解 Leap Motion 系统架构、运动跟踪数据、开发文档等的基础上，开发了一个小应用。虽然该应用较为简单，但是其开发过程较为完整，其中也用到了很多 Leap Motion 的接口函数。当读者掌握了其中的知识点后，对类似应用的开发过程自会了然于心了。

# 第六章 循序渐进

第五章介绍了基于 Leap Motion 系统开发一个应用程序的全过程，具体来说就是通过我们的手势控制鼠标指针，并基本实现了现有鼠标的所有功能。接下来，我们将继续探索 Leap Motion 系统的奥秘。

本章主要介绍如何将 Leap Motion 系统与我们以前或者现在正在开发的应用程序结合起来，以及如何利用 Leap Motion 系统开发出控制现有应用软件的程序。对于前者，将以扫雷游戏为例，介绍如何将基于 Leap Motion 系统开发的手势控制程序添加到扫雷游戏的程序代码中，使我们可以通过手势进行扫雷游戏，而不再需要通过点击鼠标来控制。对于后者，将介绍一种 Leap Motion 手势监控程序的实现方法，通过现有的赛车游戏软件验证手势监控程序的有效性，同时基于监控程序实现现有应用软件的手势控制。

## 6.1 应用开发

相信不少读者都玩过 Windows 系统提供的扫雷游戏，本章基于 C++ 编程语言开发了扫雷游戏，并将 Leap Motion 系统集成到自行开发的扫雷游戏中，实现通过手势完成扫雷游戏的全过程。

扫雷游戏的界面是由 N×M 的方格单元组成的，每个方格有 6 种状态，分别是隐藏、数字、空白、地雷、旗帜和问号。若状态为隐藏，即为初始状态，此时可以被点击(挖雷)。

游戏开始时全部方格单元都初始化为隐藏状态，此时用鼠标左击隐藏状态的方格，则其将变为显示状态。若方格显示为地雷，则表示挖到雷了，游戏失败；若方格变为空白状态，则说明是安全“通道”，此时若与“通道”相邻的方格也有空白状态的(即使其为隐藏状态)，则将一并显示出来，而且此过程可以递归下去，空白方格级联实现，最终出现一大片相邻的空白区域，且此区域内的任何一个空白方格都可找到一条由空白方格组成的通道通往最初被点击的方格。此空白区域将一直扩展下去，直到整个游戏区域的边界，或遇到隐藏方格为数字或地雷状态。因此，空白区域的边界方格(如果存在的话)一定是数字或者地雷状态。如果方格被点击之后显示为数字 N(1≤N≤8)，则表示在与之相邻的 8 个方格之中一定存在有 N 个地雷。右击隐藏方格，将方格设定为旗帜状态，以此标示此方格下隐藏的是地雷。按照上述规则，将所有的地雷都正确标识后，则任务完成。

下面介绍 Leap Motion 系统与自行开发的扫雷游戏相结合的方法，所开发的扫雷游戏界面如图 6-1 所示。

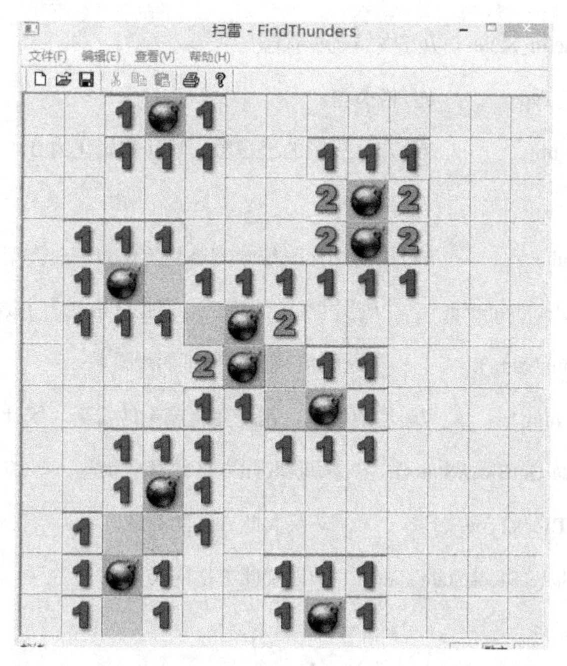


图 6-1 扫雷游戏界面

首先简单介绍一下扫雷游戏的实现过程。根据上述扫雷游戏的规则，参考 Windows 自带的扫雷游戏，具体实现步骤如下。由于篇幅所限，这里只介绍实现中比较重要的算法。

如图6-1所示，扫雷游戏的界面由N×M的方格组成，而且每个方格有几种不同的状态，如隐藏、地雷、旗帜、问号、数字、空白。应用程序设计过程中，用N×M的二维数组来表示N×M的方格布局，二维数组中的元素类型可抽象为一个类，程序如下：

```
enum BlockState {Hide,Show,IsSure,NotSure};
//枚举类型BlockState，表示每个方格的显示状态：隐藏、显示、确定(标记为地雷)、不确定(显
//示为问号)。
enum BlockType {THUNDER,SPACE,NUMBER};
//枚举类型BlockType，表示方格的类型：地雷、空白、数字。
class CBlock
{
private:
    BlockState m_State;   //方格的显示状态。
BlockType   m_Type;       //方格类型。
    int ThunNum;          //此方格周围的地雷数，默认初始化为0。
public:
    void Initial();          //对象初始化，每个方格初始化为空白类型、隐藏状态。
    void SetBlockNum(int i);     //随机产生地雷后，若此方格变为了数字类型，则设置其数字。
    int GetThunNum();            //返回值为方格周围的地雷数。
void AddThunNum();           //增加地雷数，用于随机产生地雷后，统计此方格周围的地雷数。
    BlockState GetBlockState();        //获取此方格的显示状态。
BlockType GetBlockType();              //获取此方格的类型。
    void SetState(BlockState state);   //设置此方格的类型。
    CBlock();
    virtual ~CBlock();
};
```

N×N 的二维数组可由 CManager 游戏管理类来管理，程序如下。

```
class CManager
{
public:
    CBlock m_Blocks[ROW][COL];          //ROW×COL 的二维数组。
    int m_FindNum; //当前已找到的地雷数(正确标记的地雷数)。
    int m_nFlagNum;
//当前标记的地雷数(包括标记错误的地雷数目)，当 m_FindNum==m_nFlagNum 时，说明正确
//标记出全部的地雷，而且无多余的错误标记。
    bool m_bWon;                 //是否成功完成了任务。
    bool m_bGameOver;            //游戏是否已结束。
public:
    int GetFlagNum();            //获取当前标记的地雷数。
    void SubFlagNum();           //减少标记地雷数，即取消标记。
    void AddFlagNum();           //增加标记数。
    void GameFailed();           //游戏是否失败，用于判断当游戏失败后重新初始化程序。
    int GetFindNum();            //获取当前正确标记出的地雷数。
    void SubFindNum();           //减少当前正确标记的地雷数。
    void AddFindNum();           //增加当前正确标记的地雷数。
    void OpenHit(int i,int j);   //点击"挖开"当前方格时调用此函数，将点击的坐标传入。
    void RightHit(int i,int j);  //右击当前方格时调用此函数。
    int GetX(){return (int)x;};
    int GetY(){return (int)y;};
    void SetXY(float x,float y){this->x=x;this->y=y;};
    void FindWays(int i,int j);
//和 FindDir(Away *)函数结合组成扫雷程序中最重要的算法。
```

```
        CManager();
        void Initial();     //初始化，主要随机产生地雷并在二维数组中分布地雷，并设置相应
                            //方块的类型等。
        ~CManager();
    private:
        int FindDir(Away *);
        float x;
        float y;
    };
```

程序的主要初始化过程为：首先将二维数组中的每个方格全部初始化为空白类型、隐藏状态，周围地雷数为 0，然后随机产生地雷并分布于二维数组中。之后遍历每个方格，统计其周围的地雷数。若某方格周围存在一个地雷，就调用方格的 AddThunNum()方法，使其增加一个地雷数。通过遍历，统计每个方格周围的地雷数，若方格的 ThunNum 为 0，则将其状态设为空白，否则设为数字。以下是相应的程序代码。

```
    //初始化二维数组和游戏的基本状态。
    void CManager::Initial()
    {
        m_bWon = false;
        m_bGameOver = false;
        m_FindNum = 0;          //当前找到的地雷数为 0。
        m_nFlagNum = 0;         //标记地雷数为 0。
        int i,r,j,c;

    //遍历二维数组。
      for (i=0;i<ROW;++i)
        for (j=0;j<COL;++j)
```

```
        {
            m_Block[i][j].Initial();        //将在 Initial()函数中初始化方格的属性。
        }

//开始随机产生并分布地雷。
    vector<int> v;          //用 STL 中的 vector 容器保存当前产生的坐标。
    //当产生的地雷数没达到 THUNDERUNM 时，将保持循环。
    while (v.size()!=THUNDERUNM)    //THUNDERUNM 为游戏中地雷的总数。
    {
        i = rand()%(ROW*COL);    //为了简便，这里只产生一个 0～ROW×COL 的数值，之后将
                                 //此数值转换为对应的唯一坐标(二维数组的下标)，这里将二
                                 //二维数组看成一维数组。

        if (find(v.begin(),v.end(),i) == v.end())
        {
            v.push_back(i);      //如果在 vevtor 容器中没有找到当前产生的数值，则说明之前未产生
                                 //过此数值，则将其放入容器中，这样则保证了产生的地雷坐标都是
                                 //不重复的，且个数为 THUNDERUNM。
        }
    }
//遍历容器 vevtor 中的数值，并将其转化为坐标形式。
    for (i=0;i<v.size();++i)
    {
        r = v[i]/COL;          //产生二维数组下标 r。
        c = v[i]%COL;          //产生二维数组下标 c。
//将此坐标对应的二维数组方格元素的类型设为地雷。
```

```
        m_Blocks[r][c].SetType(IsThunder);
//将地雷类型方格的周围地雷数 ThunNum 设为 -1，表示此属性无效。
        m_Blocks[r][c].SetThunNum(-1);
//为了提高效率，不对全部的方格进行遍历以设置相应方格的地雷数，而是采用遍历地雷
//类型方格的同时，设置其周围方格的地雷数及类型，即将地雷类型方格的周围方格的类
//型设为数字类型，并递增其数字值。
//在此过程中，要检查下标的有效性，防止边界越界。
// 4 个 if 判断语句将遍历以当前地雷类型方块为中心的周围所有方块，并作相应处理。
        if (r-1>=0)
        {
            m_Blocks[r-1][c].Block.AddThunNum();
            if (c-1>=0)
            {
                m_Blocks[r-1][c-1].AddThunNum();
            }
            if (c+1<=COL-1)
            {
                m_Blocks[r-1][c+1].AddThunNum();
            }
        }
        if (r+1<=ROW-1)
        {
            m_Blocks[r+1][c].AddThunNum();
            if (c-1>=0)
            {
                m_Blocks[r+1][c-1].AddThunNum();
```

```
                }
                if (c+1<=COL-1)
                {
                    m_Blocks[r+1][c+1].AddThunNum();
                }
            }
            if (c-1>=0)
                m_Blocks[r][c-1].AddThunNum();
            if (c+1<=COL-1)
                m_Blocks[r][c+1].AddThunNum();
        }
    }
```

在扫雷游戏的设计与实现中，一个较难的问题是当点击某一个方格时，若其类型为空白，则会将与之相邻的类型也为空白的方格同时显示出来。随后又以刚显示出来的空白类型方格为起点，再重复之前的过程，以此类推，不断递归，最终将会显示出一片与最初的空白方格相通的空白区域。

为了解决这个问题，开发的扫雷游戏中将应用回溯算法实现所有空白方格的连通显示。这里不对回溯算法本身做过多的理论介绍和分析，而是直接针对扫雷程序中回溯算法的实际应用做一些解释。

利用回溯算法解决迷宫问题中，在寻找路径(即空白的通道)时采用的方法通常是：从入口出发，沿某一方向试探前行，若道路畅通，则继续向前行进；如果道路不通，则沿原路返回，换一个方向再继续试探前行，直到所有可能的路径都试探完成为止。为了保证在任何位置上都能沿原路返回(回溯)，要建立一个后进先出的栈来保存从入口到当前位置的路径。同时，还要求在求解迷宫路径中，所求得的路径必须是简单路径，即在求得的路径上不能有重复的同一通道。

如图 6-2 所示，标有数字的方块为可通行的方块，而标有×号的方块为不可通行的方块。若以 0 号单元为入口，寻找所有可通行的方块，应用回溯算法的实现过程分析如下：

首先，建立一个空栈，将 0 号单元入栈，取栈顶元素，并遍历栈顶元素表示的方格上下左右四个方向的方格，若找到一个可通行的方格，则将其显示，然后将其入栈，否则如果没有找到可通行的方格，则弹出栈顶元素。之后，再取栈顶元素，重复上述过程，直到栈取空为止。按照此流程，以图 6-2 为例进行分析：0 号单元显示并入栈→取栈顶元素 0 号单元，找到可通行方格(1 号单元)，将其显示并入栈→取栈顶元素 1 号单元，找到可通行方格(2 号单元)，显示并入栈→取栈顶元素 2 号单元，找到可通行方格(3 号单元)，显示并入栈→取栈顶元素 3 号单元，未找到可通行单元(由于 2 号单元已经遍历过，故不属于可通行方格了)，则弹出栈顶元素 3 号单元→取栈顶元素 2 号单元→未找到可通行单元，则弹出栈顶元素 2 号单元→取栈顶元素 1 号单元→未找到可通行单元，则弹出栈顶元素 1 号单元→取栈顶元素 0 号单元→找到可通行单元 4，显示并入栈，以此类推，直到 5、6 号单元都显示出来后，又回溯到 0 号单元，将 8、9、10、11 号单元也显示出后，又回溯到 0 号单元，此时已找不到可通行方格了，0 号单元出栈，栈空，算法结束。

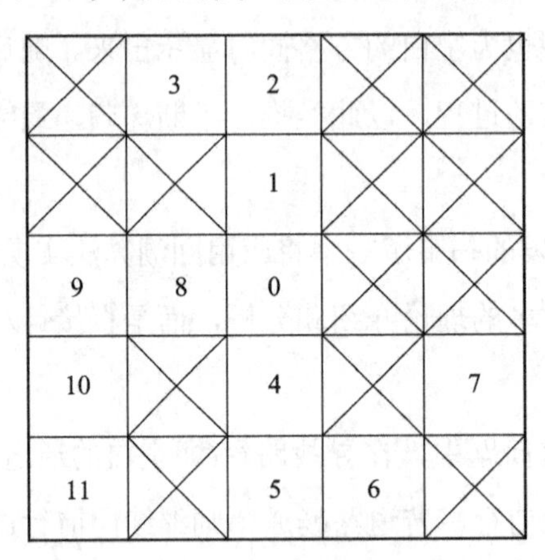


图 6-2　回溯算法

现在，结合具体扫雷程序代码，解释回溯算法的应用过程。

回溯算法中用到一个数据结构，用于表示搜索的结果，形式如下：

```
typedef struct
{
```

```
        int dir;
        int i;
        int j;

}Away,*pAway;

//以下标 i、j 的数组位置为入口开始利用回溯法寻找通路。
void CManager::FindWays(int i, int j)
{
        //如果被点击的方格为数字类型，则将其显示出来，然后退出。
        if (m_Blocks[i][j].GetThunNum() > 0)
        {
                m_Blocks[i][j].SetState(Show);
                return;
        }
//否则，建立空栈，准备利用回溯法寻找所有的通路。
        stack<Away *> s;
        Away *p = new Away;
        Away *q;
        int dir;
        p->i = i;
        p->j = j;
        p->dir = -1;
        m_Blocks[i][j].SetState(Show);     //将当前被点击的方块显示出来。
        s.push(p);                         //将 p 压栈，p 中存储了当前方块的回溯信息。
```

```
//若栈不为空，则一直循环下去。
    while (!s.empty())
    {
        p = s.top();            //取栈顶元素。
        q = new Away;
        *q = *p;                //*q 为*p 的一个副本。

//以当前取出的栈顶元素为中心，找出其上、下、左、右四个方向上相邻的可通行方块，结果
//存在*q 中。
    dir = FindDir(q);
//如果找到了可通行的方向。
    if (dir != NO)
    {
        m_Blocks[q->i][q->j].SetState(Show);       //将可通行方向上的相邻方块显示出来。
//如果这个方块类型为空白，则入栈，以备“回溯”。
        if (m_Blocks[q->i][q->j].GetThunNum() == 0)
        {
            s.push(q);
        }
    }
//否则，没有找到可通行的方向。
    else //dir == NO
    {
s.pop();    //则将栈顶元素出栈。
        delete p;
        delete q;
```

```
            p = q = NULL;
        }
    }
}

//以 p 指向的 Away 结构中保存的数组下标所对应的方格单元为中心，并以 Away 结构中保存的
//方向开始寻找可通行的相邻单元。
int CManager::FindDir(Away *p)
{
    int i = p->i;
    int j = p->j;
//检验右边的方格单元。
    if (j+1 <= COL-1)
    {
//若其为隐藏状态(说明其还未被遍历过)并且不是地雷类型，则将其坐标和中心单元的方向保存
//在 Away 结构中并返回。
    if (m_Blocks[i][j+1].GetState()==Hide && m_Blocks[i][j+1].GetBlockType() == NotThunder)
    {
        p->j = j+1;
        p->dir = R;
        return R;
    }
  }
//检验下边的方格单元。
  if (i+1 <= ROW-1)
  {
```

```
        if (m_Blocks[i+1][j].GetState()==Hide && m_Blocks[i+1][j].GetBlockType()== NotThunder)
        {
            p->i = i+1;
            p->dir = D;
            return D;
        }
    }
//检验左边的方格单元。
    if (j-1 >= 0)
    {
        if (m_Blocks[i][j-1].GetState() == Hide && m_Blocks[i][j-1].GetBlockType() == NotThunder)
        {
            p->j = j-1;
            p->dir = L;
            return L;
        }
    }
//检验上边的方格单元。
    if (i-1 >= 0)
    {
        if (m_Blocks[i-1][j].GetState() == Hide && m_Blocks[i-1][j].GetBlockType() == NotThunder)
        {
            p->i = i-1;
            p->dir = U;
            return U;
        }
```

```
    }
  //若执行到这里，则说明四个方向都不可通行。
        p->dir = NO;
        return NO;
    }
```

至此，完整扫雷游戏的主要算法已介绍完毕。随后，需要实现点击鼠标改变空格的状态，并根据空格状态显示不同图片的功能了。

下面将介绍如何集成 Leap Motion 系统到上述的扫雷游戏中，以代替鼠标点击事件。我们只需要将 SDK 中提供的例程 Sample.cpp 添加到刚建立的扫雷工程中，再定义相应的手势，并根据不同的手势调用不同的函数就可以了。

首先，将 Sample.cpp 添加到工程文件中，然后配置好环境(详见第三、五章)。

修改 onFrame 函数，这里我们将 SampleListener 类名改成了 MyListener，程序代码如下：

```
void MyListener::onFrame(const Controller& controller) {
  // Get the most recent frame and report some basic information

    Leap::Frame frame = controller.frame();
    Leap::Finger finger = frame.fingers().frontmost();
    Leap::Vector stabilizedPosition = finger.stabilizedTipPosition();

    Leap::InteractionBox iBox = controller.frame().interactionBox();
Leap::Vector normalizedPosition = iBox.normalizePoint(stabilizedPosition);
//x、y 分别为 Leap Motion 设备获取的设备坐标数据转换为屏幕坐标后的坐标值。
    x = normalizedPosition.x * windowWidth;      //windowWidth 为应用程序窗口的宽度。
    y = windowHeight - normalizedPosition.y * windowHeight;
//windowHeight 为应用程序窗口的高度。
```

```
pm->SetXY(x,y);    //pm 为 CManager 类型指针，由初始化程序将其指向游戏管理类，这样就
                   //可以在手势控制模块中改变游戏的状态了。

const GestureList gestures = frame.gestures();
  for (int g = 0; g < gestures.count(); ++g) {
    Gesture gesture = gestures[g];

    switch (gesture.type()) {
      case Gesture::TYPE_CIRCLE:
      {
        CircleGesture circle = gesture;
        std::string clockwiseness;
     int i,j;
     i = y / WIDTH;
     j = x / HIGH;
     pm->RightHit(i,j);
        if (circle.pointable().direction().angleTo(circle.normal()) <= PI/4) {
          clockwiseness = "clockwise";
        } else {
          clockwiseness = "counterclockwise";
        }

        // Calculate angle swept since last frame
        float sweptAngle = 0;
        if (circle.state() != Gesture::STATE_START) {
          CircleGesture previousUpdate = CircleGesture(controller.frame(1).gesture(circle.id()));
```

```
        sweptAngle = (circle.progress() - previousUpdate.progress()) * 2 * PI;
      }
      break;
    }
    case Gesture::TYPE_SWIPE:
    {
      SwipeGesture swipe = gesture;


int i,j;
i = y / WIDTH;
j = x / HIGH;
pm->OpenHit(i,j);
      break;
    }
    case Gesture::TYPE_KEY_TAP:
    {
      KeyTapGesture tap = gesture;


      break;
    }
    case Gesture::TYPE_SCREEN_TAP:
    {
      ScreenTapGesture screentap = gesture;
      break;
    }
```

```
            default:
                //std::cout << "Unknown gesture type." << std::endl;
                break;
        }
    }
}
```

重新编译、链接扫雷游戏工程，成功后即可实现用手势控制扫雷游戏的目标了。

## 6.2 系统集成

基于 Leap Motion 系统实现手势监控模块，并将其与现有软件集成，可以大大扩展 Leap Motion 系统的应用领域，同时也不用重新开发现有软件。本节将以现有的赛车游戏软件为例，介绍手势监控模块与赛车游戏软件相结合的方法。

在赛车游戏中，有很多控制赛车的方式，最常见的是通过键盘控制，此外还有通过手柄、摇杆等游戏设备进行控制的方式。值得一提的是，所有设备中最具有真实感的方式是赛车游戏专用方向盘，使用这种设备进行游戏时，用户会有很强的临场感。部分游戏控制设备如图 6-3 所示。

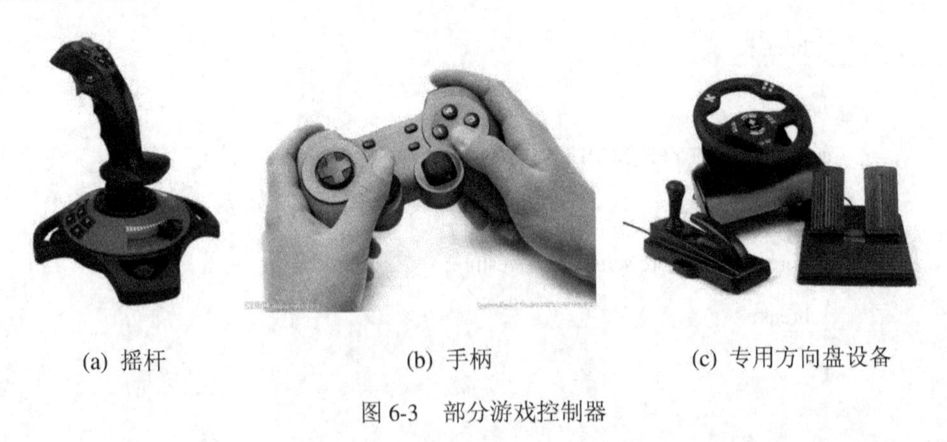

(a) 摇杆　　(b) 手柄　　(c) 专用方向盘设备

图 6-3　部分游戏控制器

利用方向盘控制赛车是一种最优的选择方案。由于控制时动作幅度较大，因此我们可以利用 Leap Motion 系统开发一个模拟方向盘的应用——虚拟方向盘，用户可通过虚拟方向盘进行赛车游戏的控制。

**1. 手势的设计**

方向的控制是通过两手围绕方向盘的圆心作旋转运动来实现的。我们可以将其理解为两手高度相对变化的过程：当右手高于左手时，向左转；当左手高于右手时，向右转。当然，判断是否转向还需要设计一个阈值，超过这个值时，则进行转向。

加速和减速的控制可以通过侦测手与屏幕的距离远近来实现。当手距离屏幕较近时，进行加速；当手距离屏幕较远时，进行减速。这里也需要一个阈值，我们以 Leap Motion 设备所在的位置为界限，靠近屏幕的方向为加速，远离屏幕的方向为减速。

此外，在实际的赛车游戏过程中，还需要一些特殊功能，如漂移、氮气加速等，都需要合适的手势来控制。由于双手在控制方向盘时是握紧状态，所以可以通过侦测手部伸展动作来实现对特殊功能的控制。定义右手伸展为漂移，左手伸展为氮气加速。这里用来测试的游戏是从 Win8 应用商店下载的“狂野飙车 8”。

**2. 对赛车游戏的控制方法**

我们所开发的手势监控模块是用户和赛车游戏之间的一座桥梁，下面将介绍该模块与赛车游戏如何进行交互。

由于 Windows API 封装程度较高，使用方便，因此不但可以用 Windows API 模拟键盘事件，对硬件上的键盘消息进行模拟，还可以模拟出游戏手柄等各种设备的消息。

采用键盘上的四个方向键对左转、右转、加速和减速进行模拟。一般情况下，当我们点击一个按键时，产生一个消息，当我们长按一个按键时，则产生多个消息。在游戏过程中，对于方向键来说，我们点击上、下、左、右键的方式一般都是长按。因此，我们使用一个单独的线程来控制按键。Listener 类用于获取用户操作信息，并进行存储。同时，按键线程在循环中获取这些操作信息，并对相应按键进行模拟。

而对于漂移和氮气加速的操作，只需要点击一下按键即可，因此，可以直接在 Leap Motion 的 OnFrame 回调函数中进行处理。

### 3. 代码实现方法

游戏控制器的程序流程图如图 6-4 所示。

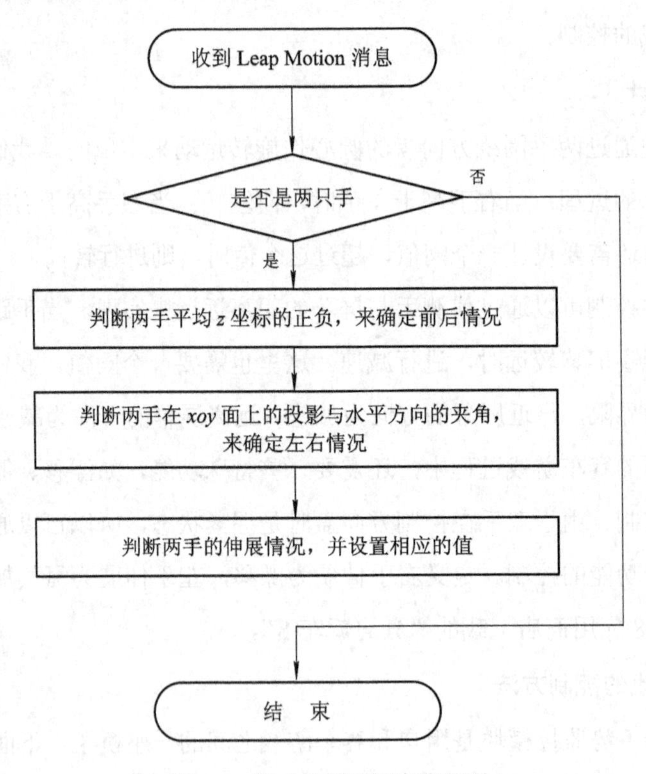


图 6-4 游戏控制器程序流程图

(1) 从 Leap::Listener 类继承一个新类。

```
class ReinListener :
        public Listener
{
}
```

(2) 构建变量，存储上、下、左、右四个按键的按键状态。

```
private bool m_upPressed,m_downPressed,m_rightPressed,m_leftPressed;
```

同时，为四个变量编写 get 方法，代码如下：

```
public:
```

```
bool getLeftPressed() const { return m_leftPressed; }
bool getRightPressed() const { return m_rightPressed; }
bool getDownPressed() const { return m_downPressed; }
bool getUpPressed() const { return m_upPressed; }
```

由于这些变量都是在内部控制状态，外部获取状态，因此没必要提供 set 方法。在断开连接等情况下，应当及时释放按键，因此，编写用于释放所有按键的函数供其他函数调用。

```
private void initKeys();
void ReinListener::initKeys()
{
    m_leftPressed=false;
    m_rightPressed=false;
    m_upPressed=false;
    m_downPressed=false;
}
```

(3) 编写构造函数，在其中调用 initKeys 方法。

```
ReinListener::ReinListener()
{
    initKeys();
}
```

(4) 编写 OnConnect 函数，注册程序，使程序能在后台环境中运行。

```
public :
virtual void onConnect(const Controller&);
void ReinListener::onConnect(const Controller& controller)
{
//让程序在后台时依然能接收到 Leap 消息，同时，让客户在 Leap Motion 控制面板中开启
//"允许后台应用程序"选项。
```

```
        controller.setPolicyFlags(Controller::PolicyFlag::POLICY_BACKGROUND_FRAMES);
    }
```

(5) 编写 OnDisconnect 函数，及时释放按键。

```
virtual void onDisconnect(const Controller&);
void ReinListener::onDisconnect(const Controller& controller)
{
    initKeys();
}
```

(6) 编写 OnExit 函数，及时释放按键。

```
virtual void onExit(const Controller&);
void ReinListener::onExit(const Controller& controller)
{
    initKeys();
}
```

(7) 编写 OnFrame 函数，处理用户手部数据，控制按键状态。

```
virtual void onFrame(const Controller&);
void ReinListener::onFrame(const Controller& controller)
{
    //获得一个 Frame。
    const Frame frame = controller.frame();
    //只有当两只手都存在时，才继续判断，否则认为无效。
    if(frame.hands().count()!=2)
    {
        initKeys();
        return;
    }
```

```
//获得两只手的坐标。
Vector vRight,vLeft;
vRight = frame.hands()[0].stabilizedPalmPosition();
vLeft = frame.hands()[1].stabilizedPalmPosition();
//两只手的序号。
int leftIndex =1,rightIndex=0;
//区别左右手，x 坐标较小的是左手。
if ( vLeft.x>vRight.x)
{
    Vector temp = vRight;
    vRight = vLeft ;
    vLeft = temp;
    leftIndex=0;
    rightIndex=1;
}
//根据两只手 z 坐标的平均值判断前后方向，若大于零，表示在 Leap Motion 后方，小于
//零则表示在 Leap Motion 前方。
if (vRight.z+vLeft.z>0)
{
    m_downPressed=true;
    m_upPressed=false;
}
else
{
    m_upPressed=true;
    m_downPressed=false;
```

```
}
//根据两手高低不同判断转向，转向方向与手部较低的一侧相同，取偏向角的正切值，正
//切值大于绝对值 0.4 认为转向，可以根据自己的习惯调试阈值。
double d = (vRight.y-vLeft.y)/(vRight.x-vLeft.x);
if ( d>0.4 )
{
    m_leftPressed=true;
    m_rightPressed=false;
}
else if( d<-0.4)
{
    m_rightPressed=true;
    m_leftPressed=false;
}
else
{
    m_rightPressed=false;
    m_leftPressed=false;
}
//若手指大于 4 个，表示手伸展开(避免手指的漏检)。
if(frame.hands()[rightIndex].fingers().count()>=4)
{
//按下空格键，氮气加速。
        keybd_event(VK_SPACE,MapVirtualKey(VK_SPACE,0),0,0);
        Sleep(20);
        keybd_event(VK_SPACE,MapVirtualKey(VK_SPACE,0),KEYEVENTF_KEYUP,0);
```

```
        }
        if(frame.hands()[leftIndex].fingers().count()>=4)
        {
    //按下 Ctrl 键，减速。
        keybd_event(VK_CONTROL,MapVirtualKey(VK_CONTROL,0),0,0);
        Sleep(20);
        keybd_event(VK_CONTROL,MapVirtualKey(VK_CONTROL,0),KEYEVENTF_KEYUP,0);
        }
    }
```

(8) 定义一个 ReinListener 全局对象，方便各个地方获取。

```
ReinListener listener;
```

(9) 编写线程函数，不停地按下和释放对应的按键。

```
DWORD WINAPI KeyPressThreadProc( LPVOID lpParameter )
//按键线程函数，用来按下和释放按键。
{
        bool up,down,right,left;
        while(1)
        {
        //先获得按键状态，防止某值本来是 true，但在按下按键后变成 false，导致按键无法释放。
          up = listener.getUpPressed();
          down = listener.getDownPressed();
          right = listener.getRightPressed();
          left = listener.getLeftPressed();
          //根据情况按下按键。
          if ( up )keybd_event(VK_UP,MapVirtualKey(VK_UP,0),0,0);
          if ( down )keybd_event(VK_DOWN,MapVirtualKey(VK_DOWN,0),0,0);
```

```
            if ( right )keybd_event(VK_RIGHT,MapVirtualKey(VK_RIGHT,0),0,0);
            if ( left )keybd_event(VK_LEFT,MapVirtualKey(VK_LEFT,0),0,0);
            //线程休眠 30 毫秒。
            Sleep(30);
            //释放按键。
            if ( up ) keybd_event(VK_UP,MapVirtualKey(VK_UP,0),KEYEVENTF_KEYUP,0);
            if(down)keybd_event(VK_DOWN,MapVirtualKey(VK_DOWN,0),KEYEVENTF_KEYUP,0);
            if(right )keybd_event(VK_RIGHT,MapVirtualKey(VK_RIGHT,0),KEYEVENTF_KEYUP,0);
            if ( left ) keybd_event(VK_LEFT,MapVirtualKey(VK_LEFT,0),KEYEVENTF_KEYUP,0);
        }
        return 0 ;
    }
```

(10) 编写主函数，以控制程序启动。

```
int _tmain(int argc, _TCHAR* argv[])
{
    Controller controller;

    controller.addListener(listener);
    CreateThread(NULL,0,KeyPressThreadProc,NULL,0,NULL); //建立新的线程
    std::cin.get();

    controller.removeListener(listener);

    return 0;
}
```

### 4. 本例中依然存在的问题

本例中使用了 Windows API 中的 keybd_event 函数来模拟按键操作。但是这种方法并不十分合适，因为在游戏中，尤其大型游戏中，多采用 DirectInput 等高效的输入方式进行用户操作检测，完全绕过了 Windows 消息循环，所以此时上述方法对这类应用程序将失效。如果仍需要应用于这类程序，则应当用 WinIO 或 DirectInput 库来重新编写该程序。

同时，本例中对方向的控制仅仅是通过一左一右、一前一后两个状态的转换来实现的，而非专业的手柄对方向和油门的控制采用矢量控制。因此，基于 Leap Motion 系统实现矢量方式，需要进一步的研究。

## 6.3 本章小结

本章主要介绍了扫雷游戏、赛车游戏与 Leap Motion 系统相结合的方法。从集成过程的整体设计、手势设计、代码实现、相关问题等方面展开论述，为用户基于 Leap Motion 系统进行初步开发提供了一定的思路。

# 第七章 基于 Leap Motion 的沙画系统

通过前面章节的学习，读者应该已经对 Leap Motion 有了基本的认识，也可以自己开发一些简单的应用程序了。除了使用 Leap Motion 代替鼠标、游戏控制器等应用，本章将基于 Leap Motion 系统，开发一套沙画的创作环境，从系统开发的需求分析，到系统框架的设计，再到系统实现的一些具体细节，都会进行较为详细的阐述。

## 7.1 沙画介绍

沙画这种艺术形式并非起源于国外，在中国其有着悠久的历史。但由于国外经济文化的发展与媒体先进等因素，国外画家的沙画表演首先占据了人们的意识，随后中国有一些学艺术的新青年纷纷效仿。如图 7-1 所示是几幅沙画作品。

图 7-1 沙画

在中国，沙画据传是由北京民间老艺人张玉先老先生，从中国一门古老的艺术“景泰蓝”中汲取其精华，经过多年的研究和反复的试验创造出的工艺品。普通的一捧黄沙，到了沙画大师手里，就变成了金沙，而沙画表演也符合现代化城市人们对艺术欣赏的要求。

沙画表演是一门神奇的艺术，一种前卫高雅的艺术表现形式。它是指在白色背景板上现场用沙子作画，并结合音乐通过投影展现在屏幕上。沙画具有的独特的表演魅力，能带给现场观众犹如进入梦幻般的感觉和前所未有的视觉享受。沙画艺术是一种与舞台艺术相结合的表演形式。沙画突破了传统艺术，创造了神奇的、绝美的画面，再配合优美的背景音乐，天衣无缝的表演简直令人称赞，也令人感动。在许多沙画表演中，当沙画艺术家结束沙画表演的瞬间，都会有许多观众和沙画艺术家一起流下感动的热泪。他们不仅仅为沙画艺术家的作画过程所感动，也为艺术家精湛的作画技巧所折服，毕竟台上一分钟，台下十年功。艺术家用自己的一双妙手，一掬细沙，瞬间变化出种种图案，惟妙惟肖，使人产生一朝入画、梦回千年的神奇感觉。这是沙画艺术家与美术之间的完美结合，使美术这种静态艺术变成动态的表演呈现，也使沙画更富生命力和感染力。

## 7.2 理论和现实意义

2012 年 2 月，我国《国家“十二五”时期文化改革发展规划纲要》正式对外公布。规划中明确提出，加强非物质文化遗产保护传承，推动文化遗产信息资源、数字资源开发利用，提升中华文明展示水平和传播能力。这为传统艺术形式的保护指明了方向。

此外，随着计算思维逐渐扎根于现代人们的思想意识中，社会文化计算得以实现。正如计算机科学家周以真在其发表于 2007 年 ACM 会刊 CACM 的文章里宣称的那样，计算思维代表着“一种普遍的认识和一类普适的技能，每一个人，不仅仅是计算机科学家，都应热心于它的学习和运用”，以及“在阅读、写作和算术(英文简称 3R)之外，应当将计算思维加到每个孩子的解析能力之中”。一旦这一目标变成现实，或至少在社会和文化研究者中成为现实的话，那么，一个扎扎实实的社会和文化计算领域将产生，并被大家广泛接受。

这必将是一个需要付出极大努力的长期项目，但计算思维的概念却可以为社会和文化计算的研究和教育带来即刻的帮助和长期的益处。

综上所述，根据我国文化改革发展规划要求，应用人机交互、人工智能等领域已初有成果，研究社会文化计算的相关理论与技术，推动传统艺术的保护与传承，是当前亟需解决的问题，且具有重大的研究价值与应用意义。

## 7.3 相关产品

现有的一些绘图软件通常是通过滤镜实现沙画效果的，但整个绘画过程都是基于鼠标或手指点击来实现的。由于整个操作过程都依赖于不断的点击动作，因此有过多的间断性和机械性存在。比如在电脑上运行的沙画软件，多数是利用鼠标来作画，如果需要更换一种作画方式时，则必须停下当前的作画任务去点击菜单，然后选择需要使用的作画方式，设置确认成功后，再返回到作画的任务中继续之前的作画过程。当需要产生更宽的沙画轨迹时，或当需要改变沙子的颜色时，或当需要产生更浓密的沙子时……都需要不断地重复上述操作。作画过程不断地被功能切换所打断，严重影响了作画的心情和创作的思路，降低了人机交互的体验效果。因此，需要研究开发一种人机交互效果更好的沙画创作系统，提高用户体验。

## 7.4 沙画创作系统设计

通过对实际沙画的创作过程进行观察，抽象出一个基本的沙画系统模型，模型中包括手、沙子、沙画台三种基本元素。沙画艺术家通过对这三种基本元素的各种组合和利用，构造出一幅幅精美的沙画作品。那么，在本系统中，首先需要实现这几种基本元素，随后提供相应的方法，使用户可以通过这些方法创作出自己的沙画作品。

在实际的沙画创作过程中，艺术家手持沙粒，通过各种不同的动作，将沙粒撒在沙画台上，可以在沙画台上描绘出各种由沙粒组成的点、直线、曲线以及各种图形。就像我们拿毛笔写字或画画一样，只不过这里由手代替了毛笔，用沙粒代替了墨水而已。艺术家还可以用手指将沙画台上的已有沙粒勾勒成图案，或将一片区域上的沙粒全部抹去，就像我们可以用橡皮对已绘出的图画进行修修补补一样。沙画艺术家通过不断地重复这个过程，最终创作出一幅精美的沙画作品。与此类似，我们在沙画创作系统中也需要提供此类功能。

本系统基于 Leap Motion 设备识别用户的手势，可以根据不同的手势模拟沙画创作过程中的各种手法，如撒沙、漏沙、抹沙等操作。沙粒对应于屏幕上的像素点，通过控制屏幕上像素点的颜色属性，可以实现不同颜色的沙粒。沙画台则对应于完整的屏幕。

一幅真正的沙画作品，是由无数沙粒组成的，因此我们所开发的沙画创作系统，其主要功能之一也是要形成沙粒。利用 Leap Motion 跟踪手的位置，并在屏幕对应的位置上产生“沙粒”。考虑到沙画作品还需要保存和回退等功能，以及录制沙画创作的完整过程，这样就必须保存每个“沙粒”的信息，但是，一幅沙画作品是由无数“沙粒”组成的，一般的保存方法将耗费大量的内存空间，因此需要另辟蹊径。

虽然完整的沙画包括无数的沙粒，但从整体上看，是由一条条沙画笔画构成的，就像汉字一样。所有的汉字都逃不出一撇一捺、一横一竖的范围，但正是这些一撇一捺、一横一竖构建了丰富多彩的汉字。沙画也一样，我们可以将一幅完整的沙画拆分成许多基本的笔画来看待，只要有了这些基本笔画，就可以创作出丰富多彩的沙画了。

根据上面的分析，系统将一幅沙画(无论其多么复杂、多么绚丽多彩)抽象为各种笔画，将沙画系统中的绘图、撤消、保存等功能全部基于笔画来实现。

沙画笔画是由沙粒构成的，用沙粒来构成笔画的一种思路是：跟踪 Leap Motion 设备捕获的手部运动轨迹，在屏幕上对应的运动轨迹周围一定范围内随机产生沙粒点。于是，手经过的地方，就会产生一道由沙粒组成的“痕迹”。我们可以将这条沙画笔画内的所有沙粒都保存到一个链表中或者动态数组里，用于表示一个“沙画笔画对象”，当绘制一笔沙画笔画时，便产生一个新的沙画笔画对象，因此，众多的沙画笔画对象将构成一幅完整的沙画。考虑到后续的笔画撤消功能，则可以将这些沙画笔画对象都连接成一个链表，形成一个栈，因为栈具有先进先出的特点，很适合实现我们的撤消操作。此外，一幅沙画由无数的沙粒构成，如果我们要对这些沙粒进行一一保存，当使用链表时，一个沙粒还要耗费一个指针的内存，那么沙画整体会耗费大量内存。当使用动态数组时，每当数组不够用的时候，需动态分配，并且需复制原来的沙粒数组到新的数组空间中，效率较低。因此，可以将沙画笔画进行进一步的抽象。一条笔画就是一条线，准确地说，是由一些点构成的一条线。所以我们可以跟踪 Leap Motion 设备捕获的手的运动轨迹，只记录这条轨迹所经过的点的坐标，最终得到一个笔画轨迹中的有限个数的点，这些点就代表了这个笔画的轨迹。但是，仅由这些点构成的线，是无法构成沙画的，我们还需要对这条点线进行动态“扩充”，即利用这些线，进行一些必要的计算，在线的周围产生一些沙粒，这样，一条线就又恢复成沙画笔画。这和之前的效果可能并没什么不同，但是，现在却不需要保存那些沙粒，而只需要保存这条线就可以了。这个方法对所有不同类型的沙画创作手法都是相同的，不论是撒沙、漏沙还是抹沙，都视为线，然后根据 Leap Motion 识别出的不同手势，采取不同的计算方法，以产生多变的效果。一条线，可以产生撒沙的效果，也可以产生漏沙的效果，还可以产生抹沙的效果。对于历史记录的保存，仍然采用栈的形式，栈中的每个元素都是一个沙画笔画的对象，沙画笔画对象中保存所有组成沙画线条的点。

该沙画创作系统被抽象成了由极少的有限的点构成的沙画线，并用不同的计算方法和保存历史记录的栈描述。其中，历史记录栈不仅可以用来实现撤消笔画的操作，还可以用来实现历史回放功能。这主要由于沙画创作，不仅最终的作品值得称赞，而且在创作过程中，绘制的内容也是变化万千的，因此将完整的创作过程记录下来，以便于日后的回顾和欣赏。所以，将历史记录栈写入文件，保存下来是需要考虑的问题。由于栈中保存的元素——沙画笔画，包括一道笔画的类型(撒沙、漏沙还是抹沙等手法)，同时也包括了这道笔画线，所以完全可以根据这些被保存的信息恢复沙画笔画。也可以根据它来对作画的过程进行回放，即按照一定的时间间隔，从历史记录栈文件中读入所有的笔画，进行计算后，重现沙画创作的完整过程。

# 7.5　沙画创作系统实现

## 7.5.1　界面设计

作为一款与绘画相关的软件，沙画创作系统的界面实现都是围绕画板来进行的，因此界面的主要部分应是画板。由于我们使用 Leap Motion 进行开发，所以可以充分利用不同的操作手势，将按键菜单、调色板等工具进行隐藏，以扩大绘画面积，同时设置触发区域，当手进入触发区域时，显示菜单或其他工具。

此外，由于该系统不是专业的画图工具，娱乐性较强，所以取消了普通绘图软件中画板缩放等功能，虽简化了功能，但提高了系统的可用性。

## 7.5.2　笔画的实现

用户在沙画创作过程中，希望绘制一条曲线，但由采集得到的数据却是一系列孤立的点。这些点虽然都在曲线上，但是如若直接相连则效果较差，不仅看起来非常像折线，而且锯齿现象严重，因此为了还原完美的笔画，我们需要对数据进行一定的处理。

首先，因为手部抖动或外界因素干扰，检测数据点一般不够平滑，直接相连会有锯齿现象，即便使用曲线方式处理，也会显得弯弯曲曲，大大降低了沙画的效果，所以应适当减少采集点的数量。然而用户在进行沙画创作时，手的速度是实时变化的，若按照相同间距取点，例如按照每 5 个点取其中一个点的方式，当用户的沙画创作过程比较舒缓时，锯齿现象很严重；但当用户的沙画创作过程比较迅速时，由于点本身就非常稀疏，此时减少取点的数量，会造成笔画还原的不准确，遗漏创作细节，严重影响沙画的质量。因此，我们将点间距作为衡量是否选取某点的标准，即当当前点距离上一个点的距离大于某一阈值时，选取该点，否则舍弃该点。

在选取完数据点后，就需要进行曲线拟合了。曲线拟合方法一般是在函数的基础上进行的，只能拟合某一种形状的曲线。由于沙画笔画有各种不规则形状，这里采用贝塞尔曲线进行曲线的拟合。

贝塞尔曲线是由法国工程师皮埃尔·贝塞尔(Pierre Bezier)于 1962 年提出的，他运用贝塞尔曲线来设计汽车的主体。给定点 $P_0$、$P_1$，线性贝塞尔曲线只是一条两点之间的直线，它等同于直接用直线连接两点。由下式给出：

$$B(t) = P_0 + (P_1 - P_0)t = (1-t)P_0 + tP_1, \quad t \in [0,1]$$

二次贝塞尔曲线的路径由给定点 $P_0$、$P_1$、$P_2$ 的函数 $B(t)$ 描述：

$$B(t) = (1-t)^2 P_0 + 2t(1-t)P_1 + t^2 P_2, \quad t \in [0,1]$$

曲线和 $P_0P_1$、$P_1P_2$ 均相切，其图形如图 7-2 所示。

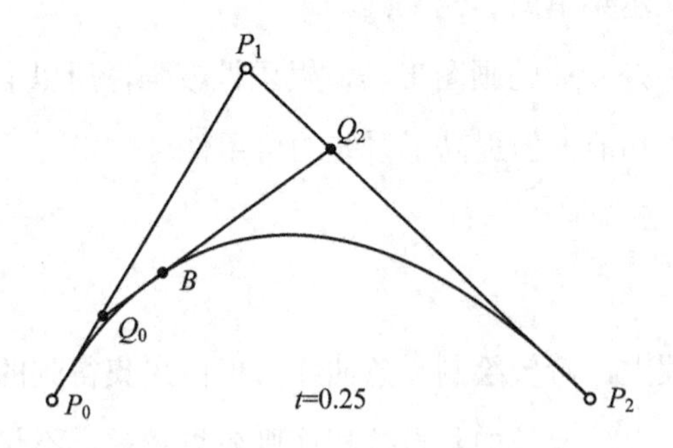


图 7-2　二次贝塞尔曲线

本章只介绍基于二次贝塞尔曲线解决上述拟合问题的过程，对于三次及三次以上的贝塞尔曲线拟合的相关内容，此处不再赘述。

可以看到，在二次贝塞尔曲线中，曲线是不通过第二个点的，但是针对沙画创作的拟合要求通过，捕捉到的每一个点，因此还要在所采集到的原始点的基础上增加辅助点。

如图 7-3 所示，$ABCD$ 为采集到的原始点，先找出$\angle ABC$ 的角平分线，然后过点 $B$ 作角平分线的垂线，同样的方法，作出$\angle BCD$ 角平分线的垂线，上述两条角平分线的垂线相交于点 $E$，利用点 $B$、$E$、$C$ 作二次贝塞尔曲线，即可形成一条平滑的曲线，且在相邻点 $B$、$E$ 处平滑(因为两条曲线在交点处都和角平分线的垂线相切)。以此类推，整条曲线都是平滑的。

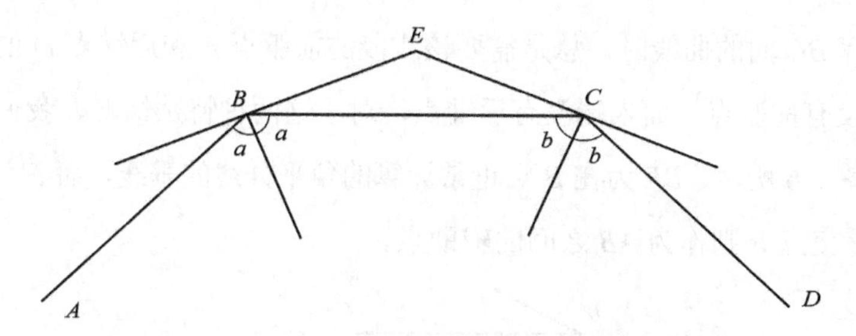


图 7-3　在采集点的基础上增加辅助点

但上述只是一般情况，当有特殊情况出现时，如图 7-4 所示，两条角平分线的垂线的交点可能会变得非常远，甚至不能相交，而且曲线会大幅度变形，十分影响效果。

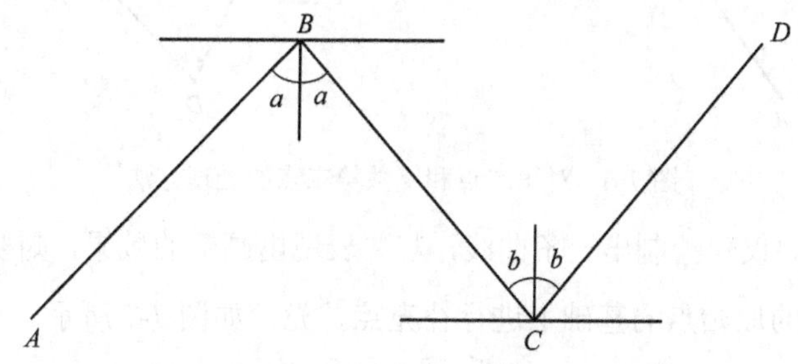


图 7-4　一种特殊情况

对于这种情况，我们找到直线 $BC$ 的中点 $G$，将 $G$ 作为一个基础点进行计算。$E$ 是 $AB$ 中间插入的辅助点，找到 $E$ 关于 $B$ 的对称点 $E'$，将 $E'$ 作为 $BG$ 间的辅助点，在 $BE'G$ 的基础上作二次贝塞尔曲线，同样的方法，也可以作 $GF'C$ 的贝塞尔曲线，如图 7-5 所示。通过这种方法仅仅是近似地作出了曲线。

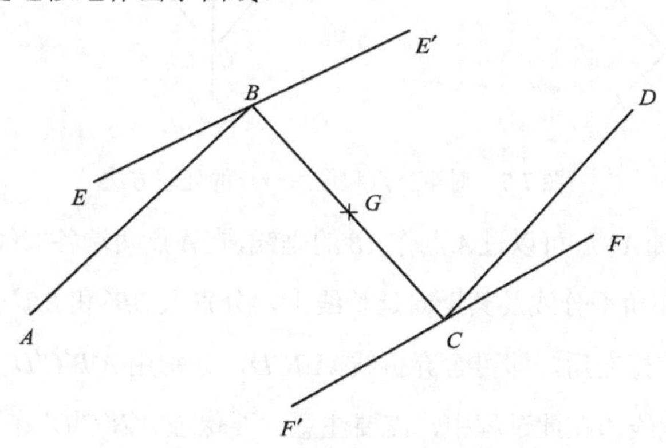


图 7-5　对特殊情况的处理方法

注意，计算 $BC$ 间的曲线时，总是需要该线段的前驱点 $A$ 和后继点 $D$ 的辅助，但是整条曲线的首端没有前驱点，而末端没有后继点，对于这两种特殊情况，我们要采取特殊的方法处理。如图 7-6 所示，$BF$ 为在 $B$ 点正常计算的角平分线的垂线，而 $E$ 为 $AB$ 中点，$EF$ 为 $AB$ 中垂线，交点 $F$ 则作为 $AB$ 之间的辅助点。

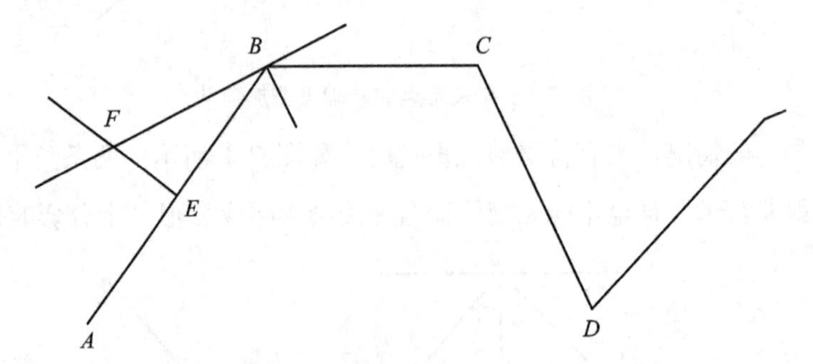


图 7-6　对第二点和倒数第二点的处理方法

通过以上步骤，仅仅绘制出一条曲线，若要表现出画笔的效果，则要求具有一定线宽，实现方法是在取到的原始点的基础上进行补充点扩充，如图 7-7 所示。

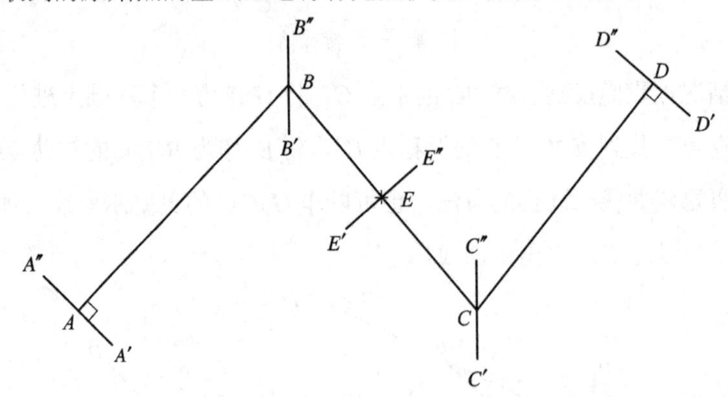


图 7-7　对第一点和最后一点的处理方法

对于两端的点，如 $A$ 点，可以过 $A$ 点作 $AB$ 的垂线，在 $A$ 点两端各取线宽的一半得到 $AA'$、$AA''$。对于 $B$ 点，在角平分线及其反向延长线上，分别取 $BB'$ 和 $BB''$ 为线宽的一半。当完成所有点的补充点扩充之后，即可舍弃折线 $ABCD$，分别用 $A'B'C'D'$ 和 $A''B''C''D''$ 拟合曲线，即可形成一条宽线。在此过程中，需要注意，要保证 $A'B'C'D'$ 在原始折线的一侧，而 $A''B''C''D''$ 在原始折线的另一侧。

### 7.5.3　沙子效果的实现

至 7.6.2 节为止，我们已经用贝赛尔曲线绘制出了一条具有一定宽度的轮廓线，但是并没有形成理想的沙画效果。

沙子的效果可以用点的疏密来表示，由于我们绘制的笔画所表示的沙子是从中心线向两侧越来越薄，所以点也越来越稀疏。基于 C++ 对沙子效果进行了测试，沙粒效果如图 7-8 所示。

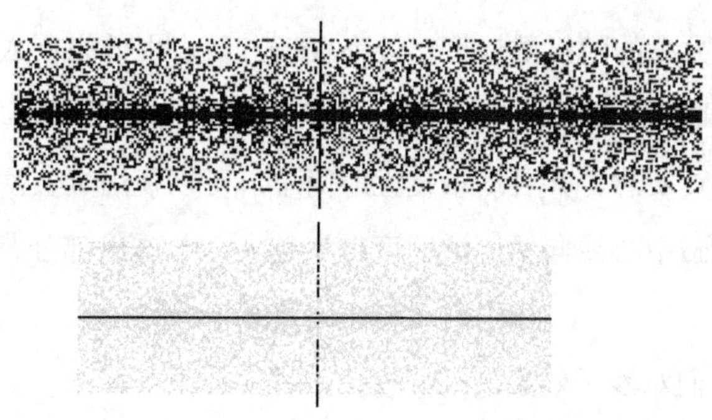

图 7-8　随机点的处理效果

该程序的基本思路是：产生一个随机数，经过函数变换，得到一个概率值，以此概率沿图像 y 轴方向进行沙粒点的绘制。源程序核心代码如下：

```
CTestfuctioncurveDoc* pDoc = GetDocument();
    ASSERT_VALID(pDoc);
    pDC->MoveTo(0 , 300);
    pDC->LineTo(600,300);
    pDC->MoveTo(300, 0);
    pDC->LineTo(300,600);
    srand(time(0));
    for ( int x = -300 ; x <= 300 ; x += 1 )
    {
        for ( int i = 0 ; i < 20 ; i ++ )
```

```
        {
            double xx = (rand()*300.0)/RAND_MAX;
            double y = (-(1.0/300.0)*xx*xx+300)/10;
            pDC->SetPixel(x+300,(int)y+270,0x00000000);
            pDC->SetPixel(x+300,(int)-y+330,0x00000000);
        }
    }
```

这种方法会进行大量的随机数计算，效率较低，且表现效果不太理想，不能表现出沙子的颗粒感，故舍弃这种方法。

为了展现沙子的真实感，并且尽量使程序简单，可以使用真实沙子的图片，也可通过改变其透明度，由笔画中心线向两侧透明度越来越大，并透出部分背景图，来展现出沙子的效果。

基于 Matlab，我们对沙子效果进行了模拟，程序如下：

```
box = imread('11.png');              %光照背景图片。
imshow(box);
sand = imread ('2.png');             %沙子图片。
figure, imshow(sand);
com = box ;                          %com，合成的图片。
[y,x] = size(sand);                  %获得图片大小(沙子)。
for i = 1:y                          %循环。
    trans = 1-abs(y/2-i)*2/y;        %计算该行的透明度。
        for j = 1:x
          com(i+y/2,j)=trans*sand(i,j)+(1-trans)*box(i+y/2,j); %将两张图片按照透明度合成。
    end
end
figure, imshow(com);
```

模拟后的效果图如图 7-9 所示。

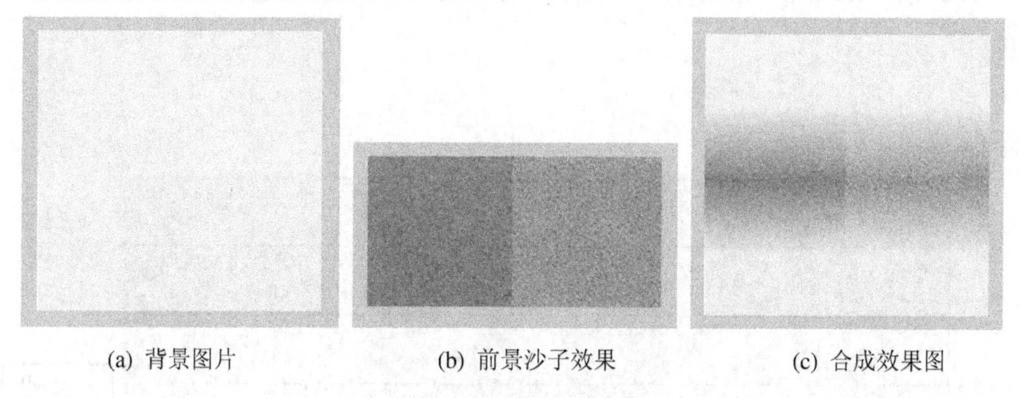

(a) 背景图片　　(b) 前景沙子效果　　(c) 合成效果图

图 7-9　多层图片透明度合成效果

当笔画曲度增加，或多线交错时，上述方法的效果较好。Matlab 程序仅仅实现了一条直线的绘制，实际使用中，我们需要将其与 7.6.2 节中曲线生成的程序相结合。

在遍历贝塞尔曲线时，既不通过 $x$ 轴遍历，也不通过 $y$ 轴遍历，而是根据参数 $t$ 遍历的，这样方便我们计算。只要在上、下边界线上根据 $t$ 进行遍历，并且保持上、下边界遍历时参数 $t$ 相等，然后连接对应的两个点，形成一条直线，即可填充整个宽线区域。而在曲线上采用过渡效果，即可在整个曲线上任意点的垂线方向上形成过渡，最终，形成一个从中间向两侧过渡的曲线。在沙画绘制过程中，我们使沙子的透明度按照图 7-10 所示的曲线变化。

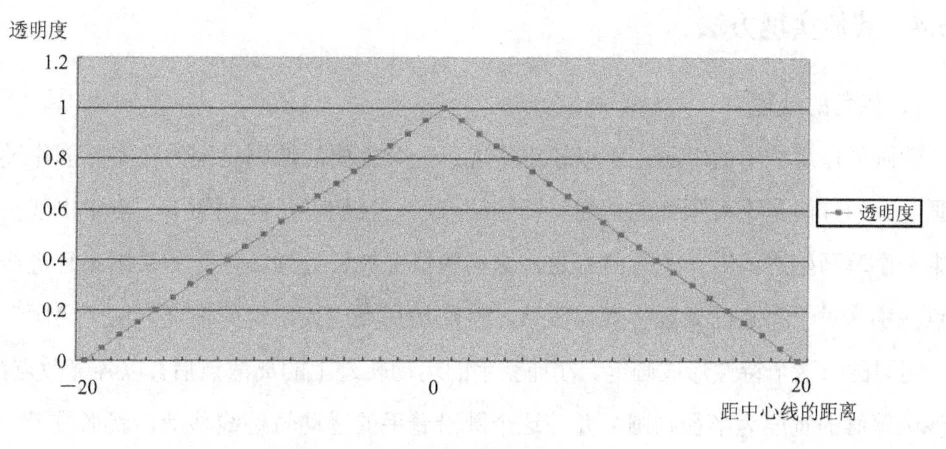


图 7-10　绘制过程透明度变化曲线

与此类似，擦除沙画的过程，只要使沙子的透明度按照如图 7-11 所示的曲线变化即可。

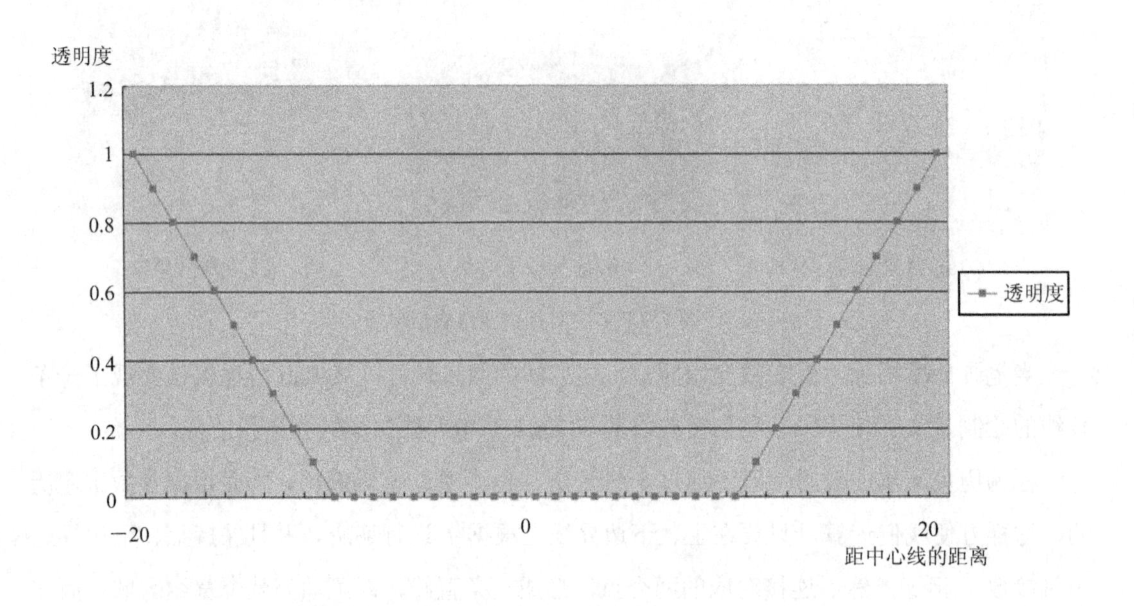


图 7-11　擦除过程透明度变化曲线

## 7.5.4　其他实现方法

### 1．拐角的处理

沙画创作系统中的笔画之所以较难实现，一个重要的原因是因为在实际创作过程中，绘画笔画的方向是不可预知的。当移动到某点后，我们不可能预知下一点将出现在何处。如果一个笔画始终沿着一个方向行进，这样的情况较好处理，但是如果笔画行进线产生了拐点，那么对于拐点的处理将变得复杂，特别是拐点连续出现的情况。由于“圆”无方向性，利用圆的这个特性形成画笔，在捕获手的运动轨迹上的离散点后，以各离散点为圆心，以沙画笔画的宽度为半径画圆，并使这个圆沿着手的运动轨迹线移动，就形成了一个效果不错的笔画。由于笔画转折的位置是以一个圆形来处理的，因此该拐点处就会形成一个自然、流畅的拐角弧线。

基于 C++ 的类，按照上述方法绘制圆形，其头文件 Circle.h 的程序代码如下：

```
#indef _CIRCLE_H
#define _CIRCLE_H
class CCircle
{
public:
      CCircle(int x,int y,int r);
      void SetR(int r){oR=r;}        //设置圆的半径。
      void Draw(CDC *dc);            //此函数可以绘制圆。
private:
      int oX;
      int oY;                        //oX、oY 是圆的圆心坐标。
      int oR;                        //oR 是圆的半径，可以模拟沙画笔画的宽度。
};
#endif
```

绘圆方法的实现过程如下：

```
#include "Circle.h"
#include <cmath>
CCircle::CCircle(int x,int y,int r)
{
      srand(time(0));
      this->oX=x;
      this->oY=y;
      this->oR=r;
```

```
}
void CCircle::Draw(CDC *dc)
{
    int is=oX-oR;    //横向直径左端点坐标。
    int ie=oX+oR;    //横向直径右端点坐标。
    int maxY=0;
    int t=0;
    int iy;

    while (is++!=ie) //沿着横向的圆的直径遍历。
    {
        maxY = (int)sqrt(oR*oR-(is-oX)*(is-oX));   //求出最大 y 坐标与水平的圆直径之间的
                                                    //距离 maxY。
        t = maxY;                                   //随机点的个数，此处为整圆的一半。
        while (t--)
        {
            iy = rand()%(2*maxY)+oY-maxY;       //随机产生对应的 y 坐标
                                                //(此处的 y≤maxY)，
            dc->SetPixel(is,iy,RGB(0xFF,0xEC,0x8B));  //打点。
        }
    }
}
```

由于在 MFC 环境下编写程序，所以绘制圆的过程需要在 MFC 的 view 中添加以下代码：

```
void CTestCircleView::OnDraw(CDC* pDC)
{
    CTestCircleDoc* pDoc = GetDocument();
```

```
    ASSERT_VALID(pDoc);
    // TODO: add draw code for native data here
    //这里要以一个半径为 25 的圆为模板，沿着一个圆心为(100,200)，
    //半径为 100 的圆的轨迹画出一个圆形笔画。
    //以下是根据数学计算得到的圆的轨迹，读者也可以根据数学计算得到
    //其他形式的曲线或者直线。
    int i;
    int oR=100;
    int oX=200;
    int oY=400;
    //绘制圆的轨迹的下半部分，i+=1 表示每隔一个单位就绘制一个圆。
    for (i=oX-oR;i<oX+oR;i+=1)
    {
        int yy = (int)sqrt(oR*oR-(i-oX)*(i-oX));
        CCircle c(i,yy+oY,25);
        c.Draw(pDC);
    }
    //绘制圆的轨迹的上半部分。
    for (i=oX-oR;i<oX+oR;i+=1)
    {
        int yy = (int)sqrt(oR*oR-(i-oX)*(i-oX));
        CCircle c(i,-yy+oY,25);
        c.Draw(pDC);
    }
}
```

绘制圆形的效果如图 7-12 所示。

图 7-12　圆形效果图

上面的程序中， CCircle 类的 oX、oY、oR 成员变量描述了一个完整的圆。但是这个圆只是一个框架，内部还需要填充沙粒，所以，我们添加了成员函数 OnDraw(CDC* pDC)来绘制这个圆，并在圆的内部随机“撒出沙粒”，程序中以黄色的像素点来模拟沙粒的效果。

如图 7-13 所示，圆具有一条水平直径，在其左端点处有一动点 is 沿着水平直径向右移动，在其右端点处有一定点 ie。过点 is 作一条与水平直径垂直的直线，交圆于 A、B 两点，交水平直径于点 C。根据几何关系可知，AC = CB = maxY，OC = |is-ox|。在直线 AB 上随机产生沙粒点，直线 AB 向右平移后，圆形的内部区域就被沙粒填充了，此功能由 CCircle::Draw(CDC *dc)函数实现。

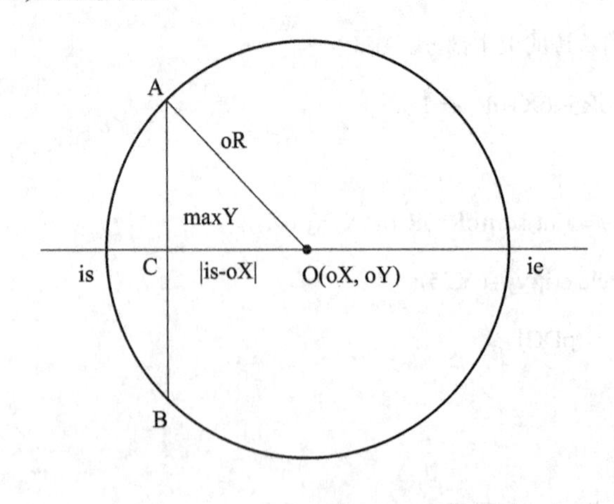


图 7-13　填充方式

首先求出 AC 的长度 maxY = (int)sqrt(oR*oR-(is-oX)*(is-oX))，进而可知 AB 的长度。在程序中我们将 AB 长度的一半赋予变量 t，并以变量 t 为循环变量，通过其自减控制 while 循环，程序正是通过 while(t--)循环的方式在直线 AC 上“打点”产生沙粒的。通过语句 iy = rand()%(2*maxY) + oY-maxY，可以随机计算出直线 AC 上一个点的 y 坐标。具体来说，是通过 rand()%(2*maxY)产生一个在(0, 2 × maxY]区间内的值，即 (0, AC] 区间内的值，然后与 oY-maxY 相加就可以产生点的 y 坐标。而这个点的 x 坐标正是此时的 is 值。最后通过语句 dc->SetPixel(is, iy, RGB(0xFF, 0xEC, 0x8B))，在坐标为(is, iy)的点上打出一个黄色的像素来模拟沙粒。因为上述 while 循环得以进行的条件是 t>0，所以产生的沙粒数最多是 AB 长度的一半。

最后，直线 AC 沿着圆的水平直径从 is 端点移动到 ie 端点，每移动一个单位，就在新的直线 AC 位置上随机产生沙粒，当其移动到 ie 端点时，整个圆的内部也就用沙粒填充完了。所以，程序的最外层还有一个循环 while (is++!=ie)来实现对直线 AC 的移动控制。

对于图 7-13 中的整个圆形轨迹，是由多个 CCircle 圆类的实例绘制的。绘制效果取决于轨迹点之间的间隔距离和单个圆内沙粒的饱和度。

当改变圆的饱和度 t = maxY/8 后，其效果如图 7-14 所示。

图 7-14　改变参数 t 后的效果(一)

从图 7-15 中可以看出，沙粒数明显减少了。

同时，还可以将间隔度变量设置得大一些，观察效果的改变。这里将 CTestCircleView::

OnDraw(CDC* pDC)函数中的 i+=1 改为 i+=20，将圆的饱和度设为 1，即 t=maxY*2，效果如图 7-15 所示。

图 7-15 改变参数 t 后的效果(二)

从图 7-15 所示的效果图可以看出，原来平滑连续的圆形笔画，蜕变成了粗糙不连续的甚至接近离散的多个圆。

实际中沙画的笔画，沙粒密度应该是由圆心向外逐渐降低的，即离圆心越近，沙粒数越多。同样对于整条沙画曲线来说，离沙画曲线中心线越近，沙粒数越多。这种基于绘制圆形并用像素点填充的方法在理论上是可以实现的，但是由于在圆的移动过程中存在重叠问题，这种方法在实际使用中并没有得到很好的实现效果。

**2. 方法集成**

将随机点方法与在轨迹上绘制圆的方法相结合，可使绘制的曲线效果较好，且计算量较小。将透明度方法与曲线拟合的方法相结合，可以使得绘制的沙粒效果较好，但是拟合过程却相对比较复杂。为了综合上述两种方法的优点，改进不足，本章将两种方法结合在一起使用。

在透明度方法中，当计算透明度后，会直接将透明度用于背景色和前景色的计算。如果笔画轨迹是基于绘制圆的方法生成的，则会出现在同一位置多次计算透明度并绘制图像的问题，效果不好。所以，在计算透明度之后，应该将透明度暂存，而不进行后续计算，具体方法如下：

首先，建立一个二维数组，与当前工作区位图的大小相同，用于存储位图上每一点的透明度值。随后，再建立一个较小的二维数组，其长和宽与沙画创作所使用的线宽相同。在这个较小的二维数组中，以中点为中心计算透明度，透明度与距离中心点的关系如图 7-11 所示。将 Leap Motion 设备捕获的手部移动检测点连接形成折线，并使较小的二维数组在此折线上移动。每经过一个点，都将较小的二维数组与较大的二维数组的对应点的透明度进行比较，如果前者的透明度比后者小，则替换较大二维数组相应点的透明度，反之则不变。这样，就实现了用小透明度的点替换大透明度的点。随着所有点被遍历后，基于较大二维数组中保存的透明度值，进行背景色和沙子透明度计算。为了加快计算速度，节省计算资源，透明度最大的点可以不计算。由于产生的点较多，且比较密集，所以描绘的折线很接近曲线，沙粒和笔画的实现效果较好。

### 7.5.5　沙画手法分类识别

沙画过程中的常用手法包括撒沙、铺沙、勾沙、抹沙等。

1．撒沙

一种常用的撒沙动作是摊开手掌，掌心向上，以手腕摇摆撒沙。

这种手法的优点是：可产生写意的画面底景或者使得部分构图更加精美细致；撒沙动作柔美优雅，沙粒散布较为均匀；当需要很薄的沙粒效果时也需要此手法。

其缺点是：撒沙过程比较耗时，当需要增加沙子厚度时要多次撒沙，难度系数较高。

另外一种常用撒沙动作为：一只手或者两只手同时抓沙，握拳，单手或者双手来回摆动，直至撒沙完成。

此动作手法的优点是：耗时短，能够快速撒沙成型；动作相对大气阳刚一些，且相对简单。

其缺点是：沙层薄厚程度不易掌握，不够均匀，画面较为杂乱。

2．铺沙

铺沙动作需张开手掌，针对有沙槽的沙画箱，手掌握沙贴合沙槽边缘部分，迅速且用力均匀地带动沙子随手势而走，铺沙动作一气呵成，铺沙与撒沙两种手法经常是结合使用的。还有一种铺沙手法是五指分开，类似于撩沙，五指带动沙子，成型画面类似于上述的铺沙效果，但是沙层更薄一些。

3．勾沙

勾沙动作相对简单，各手指勾线粗细不等，相同手指不同角度勾线粗细不等。勾直线的时候，快速简单一气呵成，线条才会直；勾曲线时，尾端不要有停顿，收尾部分力度减小，整个曲线更为顺畅。

4．抹沙

抹沙动作一般需要张开手掌或者半握拳，用靠近小指手掌外侧抹沙，常用在绘制物体外部轮廓曲线部分。

Leap Motion 系统可以根据当前帧和前一帧的手部检测数据，生成手部运动信息，主要包括以下内容：

(1) 旋转的轴向向量；

(2) 旋转的角度(顺时针为正)；

(3) 描述旋转的矩阵；

(4) 缩放因子；

(5) 平移向量。

对于每双手，可以检测到如下信息：

(1) 手掌中心的位置(在传感器坐标系下的三维向量，单位：毫米)；

(2) 手掌移动的速度(单位：毫米/秒)；

(3) 手掌的法向量(垂直于手掌平面，由手心向外)；

(4) 手掌的朝向；

(5) 根据手掌弯曲弧度确定的虚拟球体球心；

(6) 根据手掌弯曲弧度确定的虚拟球体半径。

其中，手掌的法向量和方向向量如图 2-2 所示。球体大小与手的卷曲关系如图 2-3 所示。手指尖端坐标与方向向量如图 2-4 所示。进而基于 Leap Motion 系统，对创作沙画过程中所使用的基本手法进行识别，完成沙画的创作过程。

## 7.6　使用方法与效果展示

信息技术与传统艺术的完美结合，使得沙画的创作过程更加引人入胜。上述沙画创作系统的实现过程主要考虑了沙粒效果、沙粒颜色、沙画手法与笔具等内容。该系统的使用方法如下：

(1) 首先安装 Leap_Motion_Installer 程序。此程序将安装设备的驱动程序和设备在操作系统上的服务进程。

(2) 通过 USB 线将 Leap Motion 设备接入电脑，如果设备前端的绿灯和设备正面的红灯都亮了，说明设备可以正常运作了。

(3) 启动沙画创作系统，在创作过程中，可以选择沙粒的颜色，还可通过手在空中的悬停时间调整笔画的稠密程度。本创作系统具有删除历史笔画的功能，如图 7-16 所示。

按照上述使用方法，启动沙画创作系统，启动界面如图 7-17 所示。

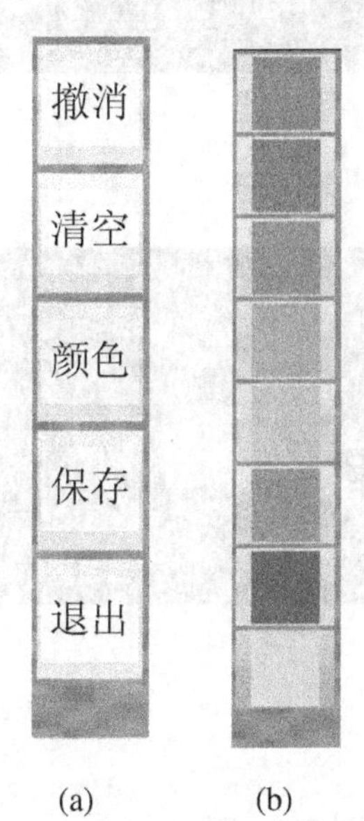


(a)　(b)

图 7-16　边栏弹出菜单

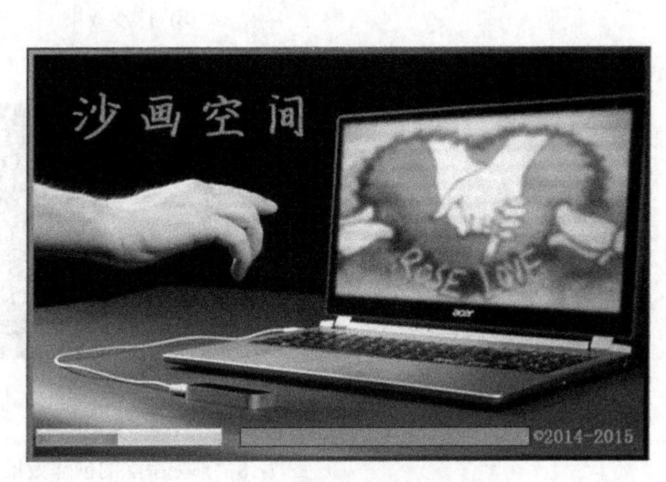


图 7-17　沙画创作系统启动界面

首先，对沙画创作过程中的撒沙、漏沙和抹沙等手法进行测试，部分手法的创作效果如图 7-18 所示。

(a) 撒沙效果

(b) 抹沙效果

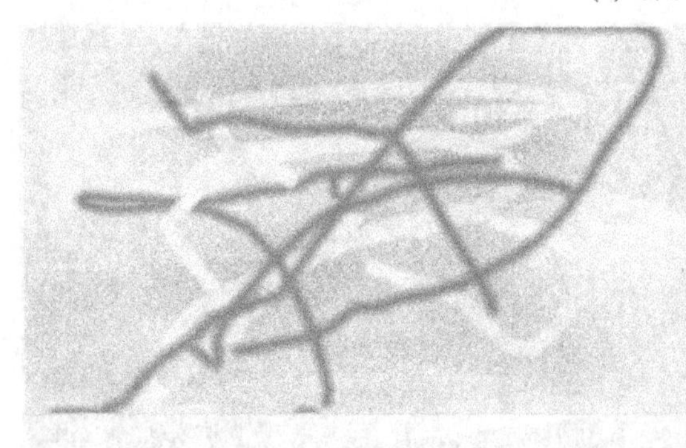
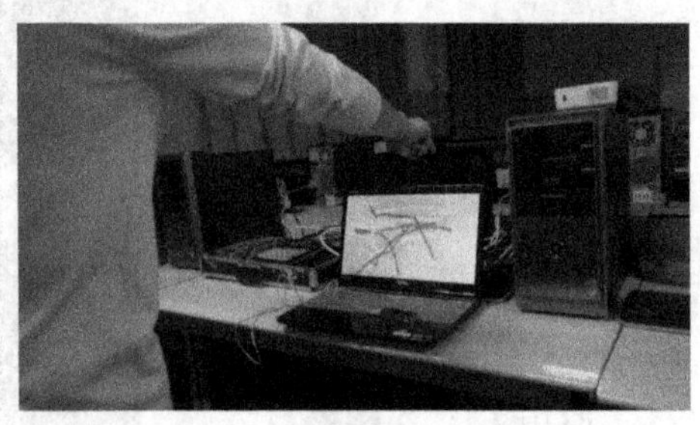

(c) 漏沙效果

图 7-18　部分手法的创作效果

其次，进行了两次简单的沙画创作测试过程，如图 7-19、图 7-20 所示。

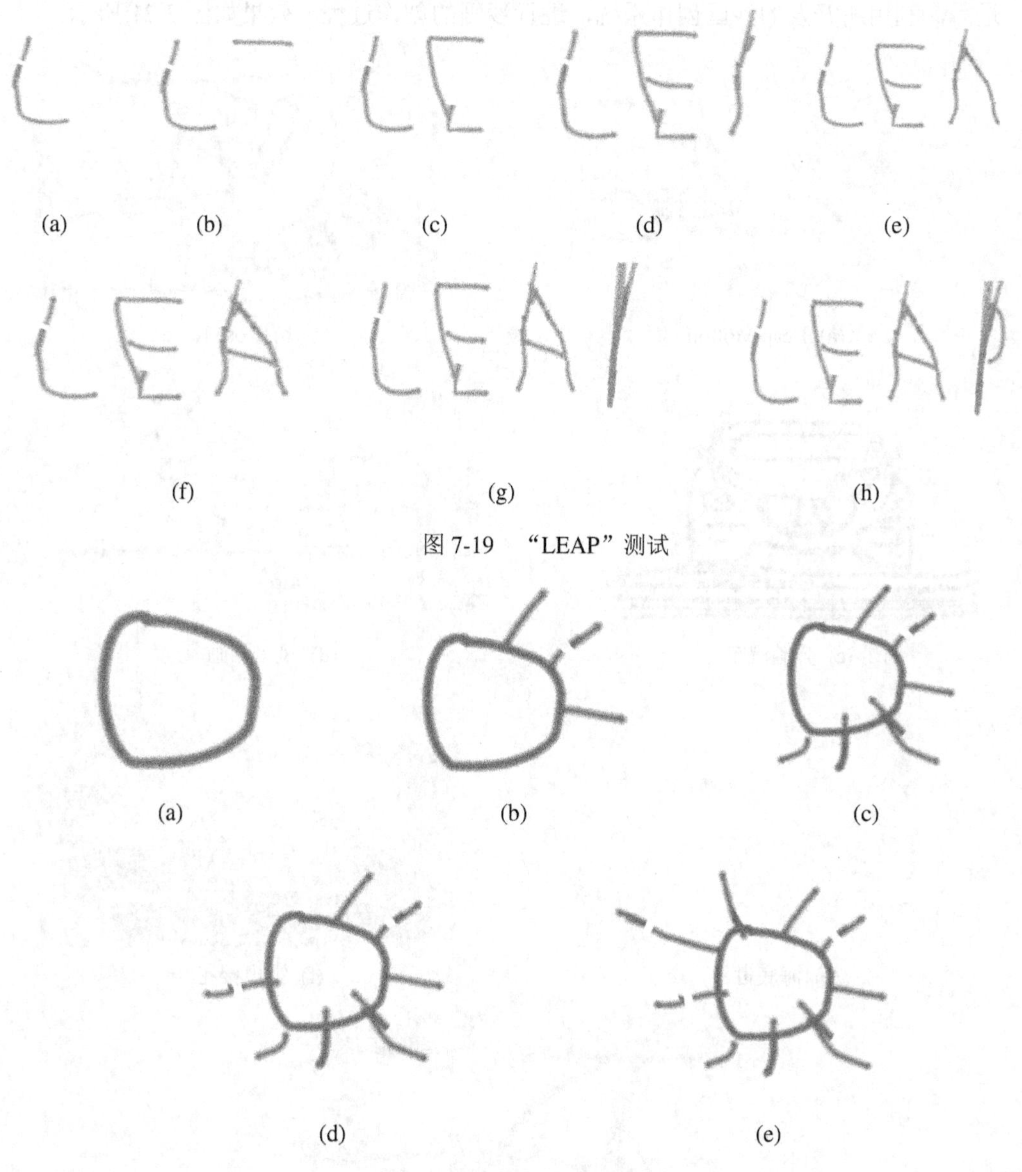


图 7-19　“LEAP”测试



图 7-20　“太阳”测试

上述内容展现了基于 Leap Motion 系统的基本手法演示与沙画创作测试过程，画面效果较好。同时，也以更真实的绘画过程，更友好的人机交互方式，将信息技术与传统艺术有机地结合起来。

最后，利用所开发的沙画创作系统，进行沙画的创作过程，效果如图 7-21 所示。

(a) Leap Motion　(b) Rose Love

(c) 奔驰汽车　(d) 风景如画

(e) 海底世界　(f) 雪山樱花

(g) 幸福甜蜜

图 7-21　沙画创作效果

## 7.7 本章小结

本章主要介绍了基于 Leap Motion 系统进行沙画创作的实现方法。通过对沙画创作过程的理解，基于 Leap Motion 系统对常用沙画手法进行捕获与识别，并以多模态的人机交互手段展现沙画效果，进而完成整个沙画创作系统的开发。这对传承中国传统艺术，扩大受众，增强人们对沙画的了解和参与度是有帮助的。

该系统针对非特定人群，面向不同年龄、性别、职业等用户，具有较好的普适性。同时，在设计以及实现过程中充分考虑了人机交互体验，因此在使用中具有低复杂度的特点与优势。系统在设计过程中考虑到后续的扩展问题，软件封装和模块化设计为功能复用和功能增强提供了保证。对于沙画创作常用手法的感测时间约为 5～10 ms，使交互过程更自然，增强了用户体验。

# 第八章 应用前景

随着体感技术的不断发展，相关设备与应用也大量出现。Leap Motion 系统借助其识别手部精度高、小巧且不需要额外附属设备的特点受到了很多开发者的关注。从目前基于 Leap Motion 系统所开发的应用来看，虽然游戏应用占了很大比重，显然是大材小用了，事实上，Leap Motion 系统必将会有更为广阔的应用空间，这从 Leap Motion 收到开发者的大量邀请中可以看出。现在排名最高的一些应用来自艺术和设计领域，其他排名较高的一些应用开发还包括音乐视频类、科学和医药类、机械操作、教育，等等。

Leap Motion 正在和很多公司展开合作，如惠普、华硕、Oculus 等。此外，迪斯尼、Autodesk、Google 等公司均已宣称部分旗下软件游戏支持 Leap Motion 系统，应用前景十分广阔。

### 1. 设备控制领域

在人、机、物的三元世界中，对设备的控制是其中重要的一部分。它不但体现在对真实设备的控制上，还包括在虚拟现实场景中的应用，以实现现实和虚拟的无缝交替。

2014 年 5 月，Mirror Training 公司研发了一套基于 Leap Motion 系统的相关设备，使得拆除炸弹的过程变得安全且简单。这套设备包括机械手臂、Leap Motion 控制器以及相关的操控程序，它通过使用 Leap Motion 控制器来监测拆弹者手臂以及手指的相关动作，与此同时，机械手臂则会做出相应的动作。经过实际测试后发现，通过该方法操控机械手臂的精准率是传统方式的两倍。当 Leap Motion 控制器接收到来自手臂及手指的轻微活动后，在前方工作的机械手臂会同时做出相应的动作，虽然机械手臂的动作会有些滞后，但整个操作过程还是比较流畅的，同时精准度也较高。同时，这套设备还为前方工作的机械手臂配备了实时摄像头，拆弹专家可以通过电脑查看前方机械手臂的工作状况。

在虚拟现实领域，与 Oculus Rift 等虚拟现实设备连接，能够让用户体验完全丢掉手持设备的虚拟现实体验。Leap Motion 系统对虚拟现实有着重要的价值——在解决某些视觉问题的同时，也可以作为一个可靠的传感器，追踪用户的手部动作。

### 2. 医疗领域

聋哑人士使用手语进行交流，但是大多数正常人并不懂手语，因此交流起来很困难。如果能够开发出一个基于 Leap Motion 系统的手势翻译软件，那么我们就可以迅速地读懂手语，实现无障碍交流。

手术室环境对无菌要求非常高，但目前的人机交互方式还不便于在手术过程中进行操作，无形中增加了工作量和手术人员的工作难度，也很难保证手术的及时、准确、安全。而 Leap Motion 系统可以克服目前的一些束缚，在手术进行过程中查阅患者的影像资料，无需接触就可以用手势和语音控制图片缩放、病历查阅等操作。

此外，基于 Leap Moiton 系统还可以进行手部的康复医疗训练，与传统的康复医疗训练设备相比，将具有很大的优势。如可利用相关应用捕捉手部的运动状态，分析运动数据，对手部骨骼等病情进行诊断，或开展骨折后的康复训练等医疗过程。

### 3. 教学领域

在目前的教学过程中，教师大多使用鼠标、键盘和激光笔等传统手段来完成教学工作，此类人机交互方式属于显式人机交互，教师更多地专注于交互过程的完成，这也使得教学过程有时候会被打断，如点击鼠标、激光笔等造成的思维被短暂打断。因此可将 Leap Motion 系统整合到课堂教学中，提供更为自然的人机交互方式，如把 Leap Motion 应用与投影仪相结合，通过手势和语音等体感操作，实现对投影内容的播放、翻页、划线、标注等控制，实现更好的教学效果。

此外，还可以将基于 Leap Motion 系统所开发的教学应用与传统教学辅助工具结合到一起，对 3D 立体设计、DNA、化学分子结构、宇宙星云等进行演示，将会极大地激发学生的学习兴趣。

目前，随着 Leap Motion 系统的不断升级，其应用已经表现出多样性的发展趋势。随着与计算机技术结合的日渐成熟，它将会改变原有的人机交互方式，触摸屏、鼠标、键盘等外部输入设备会逐步淘汰，进入到新的人机交互时代。

# 参 考 文 献

[1] 徐光祐，陶霖密，等. 普适计算模式下的人机交互. 计算机学报，2007，30(7)：1041-1053.

[2] Albrecht Schmidt，Wolfgang Spiessl，et al. Driving automotive user interface research. IEEE Pervasive Computing，2010，9(1)：85-88.

[3] 胡树友. 手势识别技术综述[J]. 科技论坛，2005，(2)：41-42.

[4] 王玺，李伟为. 基于 ARM 和加速度传感器的电子画笔设计[J]. 电子技术应用，2007，(3)：69-71.

[5] 王庆召，邵安，蔡纯洁. 基于加速度传感器的电子笔数据采集系统的设计与实现[J]. 工业仪表与自动化装置，2009，(5)：60-76.

[6] 曹丽，刘扬，刘伟. 利用加速度计和角速度仪的笔杆运动姿态检测[J]. 仪器仪表学报，2008，29(4)：832-835.

[7] 王玮. 空中手写笔笔迹检测与识别系统的研究[D]. 北京：北京工业大学，2009.

[8] 冉涌，陈立万. 基于 TMS320VC5509A 的超声波电子笔设计[J]. 电子科技，2010，23(4)：58-60.

[9] 赖颖超. 基于三维加速度传感器的空间手写识别预处理技术研究[D]. 浙江：浙江大学，2012.

[10] 周谊成，尤树华，王辉. 基于三维加速度的连续手势识别[J]. 计算机与数字工程，2012，(10)：133-136.

[11] 黄启友，戴永，胡明清，等. 基于陀螺传感器的三维手势识别方案[J]. 计算机工程，2011，37(22)：152-155.

[12] 刘蓉，刘明. 基于三轴及速度传感器的手势识别[J]. 计算机工程，2011，37(24)：141-143.

[13] Amma C，Georgi M，Schultz T. Airwriting：hands-free mobile text input by spotting and continuous recognition of 3D-space handwriting with inertial sensors[C]//International Symposium on Wearable Computers (ISWC). IEEE，2012：52-59.

[14] Dong Z，Wejinya U C，Li W J. Calibration of MEMS accelerometer based on plane optical tracking technique and measurements[C]//4th IEEE International Conference on Nano/Micro Engineered and Molecular Systems. IEEE，2009：893-897.

[15] Oh J K，Cho S J，Bang W C，et al. Inertial sensor based recognition of 3-d character gestures with an ensemble classifiers[C]// IWFHR-9 2004. Ninth International Workshop on Frontiers in Handwriting Recognition. IEEE，2004：112-117.

[16] 孔俊其. 基于三维加速度传感器的手势识别及交互模型研究[D]. 苏州：苏州大学，2009.

[17] Mantyla V M，Mantyjarvi J，Seppanen T，et al. Hand gesture recognition of a mobile device user[C]//Multimedia and Expo，2000. ICME 2000. 2000 IEEE International Conference on. IEEE，2000，1：281-284.

[18] Pylvänäinen T. Accelerometer based gesture recognition using continuous HMMs[M] //Pattern Recognition and Image Analysis. Springer Berlin Heidelberg，2005：639-646.

[19] Benbasat A Y，Paradiso J A. An inertial measurement framework for gesture recognition and applications[M]//Gesture and Sign Language in Human-Computer Interaction. Springer Berlin Heidelberg，2002：9-20.

[20] Kela J，Korpipää P，Mäntyjärvi J，et al. Accelerometer-based gesture control for a design environment[J]. Personal and Ubiquitous Computing，2006，10(5)：285-299.

[21] Jonghun B，Byoung-Ju Y U N. Recognizing and analyzing of user's continuous action in mobile systems[J]. IEICE transactions on information and systems，2006，89(12)：2957-2963.

[22] Ferscha A，Resmerita S. Gestural interaction in the pervasive computing landscape[J]. e & i Elektrotechnik und Informationstechnik，2007，124(1-2)：17-25.

[23] 中国科技网. http：//www.stdaily.com.

[24] 信息时报（网络版）. http：//epaper.xxsb.com.

[25] 搜狐科学. http：//it.sohu.com/science_roll_2075.shtml.

[26] 腾讯数码. http：//digi.tech.qq.com.

[27] CCF 技术动态. http：//www.ccf.org.cn/sites/ccf/jsdt.jsp.

[28] Leap Motion API Library. http：//developer.leapmotion.com/downloads.